WTB

Wissenschaftliche Taschenbücher

Mathematik · Physik

P. Paufler · G. E. R. Schulze

Physikalische Grundlagen mechanischer Festkörper-eigenschaften

I

Akademie-Verlag · Berlin

WTB

Wissenschaftliche Taschenbücher

Zuletzt erschienene Bände:

JOACHIM AUTH / DIETMAR GENZOW
KLAUS H. HERRMANN
Photoelektrische Erscheinungen

GERHARD GEISELER / HEINZ SEIDEL
Die Wasserstoffbrückenbindung

W. S. LETOCHOW
Laserspektroskopie

DIERCK-EKKEHARD LIEBSCHER
**Relativitätstheorie
mit Zirkel und Lineal**

HANS LUPPA
Grundlagen der Histochemie
Teil I und II

HORST REMANE / RAINER HERZSCHUH
**Massenspektrometrie
in der organischen Chemie**

J. V. SAČKOV
Wahrscheinlichkeit und Struktur

E. M. SAWIZKI
Perspektiven der Metallforschung

Die Schöpfer der physikalischen Optik
Eine Artikelsammlung

VOLKMAR SCHURICHT
Kernexplosionen für friedliche Zwecke

MICHAEL THEILE
SIEGFRIED SCHERNECK
Zellgenetik

GERHARD WUNSCH
Zellulare Systeme

*Vorschau
auf die nächsten Bände:*

JOACHIM BELLACH / PETER FRANKEN
ELKE WARMUTH / WALTER WARMUTH
**Maß, Integral
und bedingter Erwartungswert**

EDUARD HERLT / NIKOLAUS SALIÉ
Spezielle Relativitätstheorie

LOTHAR JÄGER
**Grundlagen
der klinischen Immunologie**

KARLHEINZ LOHS
**Entgiftung – Mittel,
Methoden und Probleme**

WOLFGANG MEILING
**Digitalrechner
in der elektronischen Meßtechnik**
Teil I – Meßmethodik
Teil II – Gerätetechnik und Anwendungen

ALBRECHT ROST
**Messung
dielektrischer Stoffeigenschaften**

HANS-GEORG SCHÖPF
Von Kirchhoff bis Planck
Theorie der Wärmestrahlung
in historisch-kritischer Darstellung

NORBERT SIEBER
HANS-PETER LEIDHOLD
Einführung in die Datenverarbeitung

RENATE WAHSNER
Mensch und Kosmos
Die copernicanische Wende

WTB

BAND 229

Peter Paufler / Gustav E. R. Schulze†

Physikalische Grundlagen mechanischer Festkörpereigenschaften I

Mit 58 Abbildungen und 17 Tabellen

AKADEMIE-VERLAG · BERLIN

Reihe MATHEMATIK UND PHYSIK

Herausgeber:

Prof. Dr. phil. habil. W. Holzmüller, Leipzig

Prof. Dr. phil. habil. A. Lösche, Leipzig

Prof. Dr. phil. habil. H. Reichardt, Berlin

Prof. Dr. phil. habil. K. Schröder, Berlin

Prof. Dr. rer. nat. habil. H.-J. Treder, Potsdam

Verfasser:

Doz. Dr. sc. nat. Peter Paufler

Prof. (em.) Dr. phil. habil. Gustav E. R. Schulze†

Sektion Physik der Technischen Universität Dresden

1978

Erschienen im Akademie-Verlag, 108 Berlin, Leipziger Straße 3—4

Lizenznummer: 202 · 100/435/78

Herstellung: VEB Druckhaus „Maxim Gorki", 74 Altenburg

Bestellnummer: 762 508 3 (7229) · LSV 1184

Printed in GDR

DDR 8,— M

Inhaltsverzeichnis

Inhaltsverzeichnis von Teil 2

Form der Verweise im Text:

Verweis	Hinweis auf
2.1	Kapitel 2.1
(2.1)	Gleichung (2.1)
Tab. 2.1	Tabelle 2.1
Abb. 2.1	Abbildung 2.1

Vorwort

Die vorliegende Darstellung ist aus einführenden Vorlesungen hervorgegangen, wie sie in Dresden für Physik-Studenten mittlerer Semester gehalten wurden. Sie soll dem Lernenden (auch anderer Studienrichtungen) helfen, eine Übersicht über das elastische, anelastische und plastische Verhalten fester Körper zu gewinnen, und damit das Einarbeiten in spezielle Probleme erleichtern. Das HOOKEsche Gesetz ist fast genau 300 Jahre alt. Wie aktuell das Gebiet dennoch ist, sollen die folgenden Ausführungen ebenfalls demonstrieren. Wo immer angängig, ist der Bezug zum atomistischen Geschehen hergestellt.

Vorausgesetzt werden elementare kristallographische Kenntnisse im Umfang etwa des Bandes „Kristallographische Grundbegriffe der Festkörperphysik" von P. PAUFLER und D. LEUSCHNER aus dieser Taschenbuchreihe sowie eine gewisse Vertrautheit mit der Vektor- und Tensorrechnung.

Nach Abschluß der Konzeption dieses Büchleins verstarb Herr Prof. Dr. G. E. R. SCHULZE. An der Anfertigung des Manuskriptes konnte er sich leider nicht mehr beteiligen. Die über mehr als ein Jahrzehnt währende fruchtbare Zusammenarbeit der beiden Autoren auf dem Gebiet der mechanischen Festkörpereigenschaften hat indessen dafür gesorgt, daß sein Anteil am Inhalt höher ist, als unter diesen Umständen eigentlich zu erwarten wäre.

Dem Zustandekommen des Manuskripts ist die Dresdner „Versetzungsatmosphäre" an ZFW, TU und PH durch ihre zahlreichen Anregungen sehr förderlich gewesen. Der Unterzeichnete spricht dafür allen beteiligten Fachkollegen seinen Dank aus. Gedankt sei an dieser Stelle auch Frau U. Hickmann für ihre Hilfe bei der Anfertigung der Abbildungen sowie der verantwortlichen Lektorin Frau Dipl.-Phys. U. Heilmann für ihre vielfältigen Bemühungen um das Zustandekommen der Arbeit.

Dresden, im Oktober 1976 P. Paufler

1. Übersicht

Im Gegensatz zu Flüssigkeiten und Gasen setzen Festkörper einer Scherdeformation beträchtlichen Widerstand entgegen. Der feste Zustand läßt sich geradezu dadurch von den beiden anderen abgrenzen. Wird als quantitatives Maß die Zähigkeit $\bar{\eta} = \tau/\dot{\gamma}$ [1]) ($\tau = F/A$, $\dot{\gamma} \equiv d\gamma/dt$, $\tau \sim \sigma$, $\gamma \sim \varepsilon$, τ Schubspannung, F Kraft, A Querschnittsfläche, γ Scherung, t Zeit) verwendet, dann liegen die Grenzen zwischen den drei Aggregatzuständen etwa wie in Tab. 1.1 angegeben. Bei Festkörpern ist $\bar{\eta}$ i. allg. abhängig von Spannung σ, Temperatur T, chemischer Zusammensetzung c und Zeit t (vgl. 7.3) was (abgesehen von der T-Abhängigkeit) die Abgrenzung

Tabelle 1.1

Zähigkeiten $\bar{\eta}$ von Festkörpern, Flüssigkeiten und Gasen bei Raumtemperatur

Material	$\bar{\eta}$/0,1 Pa · s*)
Gase	$\lesssim 10^{-4}$
Flüssigkeiten	$10^{-3} \dots 10^{-1}$
Festkörper	$\gg 10^{15}$
Stickstoff	$1{,}74 \cdot 10^{-4}$
Wasserstoff	$8{,}5 \cdot 10^{-5}$
Wasser (0 °C)	$1{,}792 \cdot 10^{-2}$
(100 °C)	$0{,}284 \cdot 10^{-2}$
Quecksilber	$1{,}556 \cdot 10^{-2}$
Glas (20 °C)	10^{19}
(600 °C)	10^{7}

*) 1 Poise = 0,1 Nsm^{-2} = 0,1 Pa · s

[1]) Für den einachsigen Zug mit der Zugspannung σ und der Dehnungsgeschwindigkeit $\dot{\varepsilon}$ wäre sinngemäß $\bar{\eta} = \sigma/2\dot{\varepsilon}$ zu schreiben.

nicht berührt. Es erweist sich als zweckmäßig, die Festigkeitseigenschaften eines Festkörpers in der Form $\sigma = \sigma(\varepsilon, \dot{\varepsilon}, T, c, \ldots)$ zu beschreiben, d. h. primär durch den Zusammenhang zwischen Spannung und Deformation.[1])

Mit dieser Beziehung sind Fragen von erheblicher Tragweite verknüpft, die in die Arbeitsgebiete von Konstrukteuren, Werkstoffwissenschaftlern, Geologen, Mathematikern, Bauingenieuren, Chemikern, Physikern u. a. hineinreichen. Da wäre z. B. die Belastbarkeit von Brücken, Staudämmen, Flugzeugen, Maschinenteilen, Schweißverbindungen usw. zu nennen. Unerwünschter Bruch soll vermieden werden, andererseits zwingt u. a. die Forderung nach Materialökonomie, empirische Sicherheitsfaktoren, die zu übertriebenem Materialverbrauch führen, auf eine rationale Basis zu stellen. Der Energieaufwand bei Umformprozessen und die mit äußerer und innerer Reibung verbundenen Verluste bedürfen der Reduzierung u. a. m.

Zum Zusammenhang $\sigma(\varepsilon \ldots)$ gelangt man über einen Zerreißversuch als Standardexperiment, der folgende Typen mechanischen Verhaltens zu unterscheiden nahelegt (s. Abb. 1.1). Im Bereich kleinster ε erfolgt die Verformung reversibel und hysteresefrei.[2]) Sie heißt ideal elastisch und kann linear (HOOKEscher Bereich) und nichtlinear (s. auch Abb. 2.1) sein. Im Anschluß daran werden bei einem geschlossenen Be- und Entlastungszyklus Energieverluste beobachtet. Das Verhalten heißt anelastisch. Schließlich bleibt bei einem geschlossenen Umlauf eine von Null verschiedene Restdeformation übrig. Der Körper ist plastisch verformt worden. Nach Überschreiten der Bruchgrenze zerreißt er.

Wird während eines solchen Experiments das Vorzeichen der Deformation (sehr oft) gewechselt, tritt Bruch schon bei erheblich kleineren Spannungswerten ein als im einsinnigen Zugversuch. Der Werkstoff unterliegt der Ermüdung. Schon den Schmieden des Altertums geläufig war der bedeutende Einfluß von Vorverformung, Tem-

---

[1]) Wir werden in den folgenden Teilen diese Begriffe noch genauer definieren.

[2]) Streng nur bei quasistatischer Versuchsführung erfüllt. (Abb. 1.1 g)

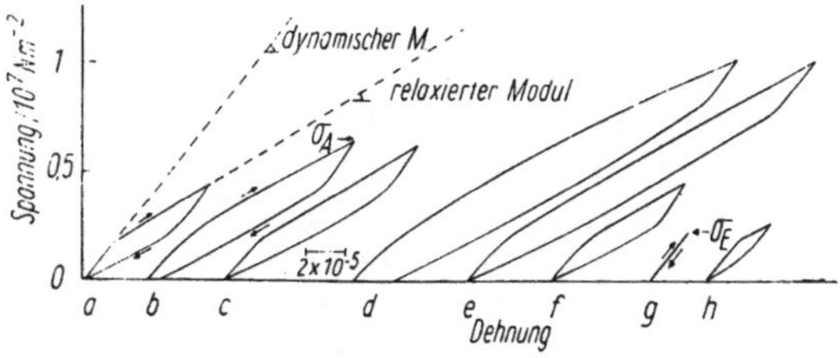

Abb. 1.1. Spannungs-Dehnungs-Beziehung im Bereich kleiner Dehnungen (Zahlenwerte für zonengereinigtes Eisen mit 15 ppm C, kein N_2, O_2 und H_2 nachweisbar, Korngröße 36 μm, nach MEAKIN) bei Raumtemperatur.

(a) geschlossene Hystereseschleife im anelastischen Bereich; (b) Restdehnung nach einem Umlauf, beginnende plastische Verformung; (c) gleiches Spannungsniveau wie (b), jedoch wegen vorausgegangener plastischer Deformation Erhöhung der Anelastizitätsgrenze σ_A; (d) (e) (f) (h) wie (b) und (c); (g) ideal elastisches Verhalten bei kleinsten Spannungen. Die makroskopische Fließspannung wurde im vorliegenden Beispiel zu $16{,}6 \cdot 10^7$ Nm^{-2} ermittelt. (Für die Unterscheidung von dynamischem und relaxiertem Modul vgl. Teil 4.)

peratur und Legierungszusätzen — als Beispiele für drei der oben angedeuteten Parameter — auf das Deformationsverhalten metallischer Festkörper. In der Regel wird der Widerstand gegen Deformation durch Vorverformung und Legierung erhöht (Verfestigung) und durch Temperaturerhöhung erniedrigt. Auffällige Substanzunterschiede im Verformungsverhalten sind dem Praktiker ebenfalls schon lange bekannt. So läßt sich z. B. ein Stück Aluminiumblech bei Raumtemperatur sehr leicht, eine gleichstarke Glasscheibe aber nicht plastisch deformieren.

Die nachfolgende Erörterung der mechanischen Eigenschaften beschränkt sich auf die festkörperphysikalischen Grundlagen. Sie geht überwiegend von der Kristallstruktur aus und versucht, die atomaren Ursachen des verschiedenartigen Verhaltens anzugeben. Dabei bleiben noch zahlreiche Fragen offen, die gleichermaßen die Komplexität wie die Aktualität des Problemkreises kennzeichnen.

2. Elastizität

Wie schon in Kap. 1 erwähnt, enthält jede Deformation einen reversiblen (elastischen) Anteil. Ihm wollen wir uns zunächst zuwenden. Die Kleinheit der Teilchenlagenänderung gegenüber dem Idealkristall hat zur Folge, daß die experimentellen Befunde weitgehend auf der Grundlage der Kontinuumsvorstellung beschrieben werden können, wobei man jedem Festkörper einen Satz empirisch zu ermittelnder Materialkennwerte (z. B. elastische Moduln) zuordnet und deren mikroskopische Begründung nachträglich liefert.

2.1. Experimentelle Beobachtungen

Seit etwa 300 Jahren werden systematische Untersuchungen der Spannungs-Dehnungs-Kurve $\sigma(\varepsilon)$ im elastischen Bereich durchgeführt (vgl. BELL 1973). Dabei

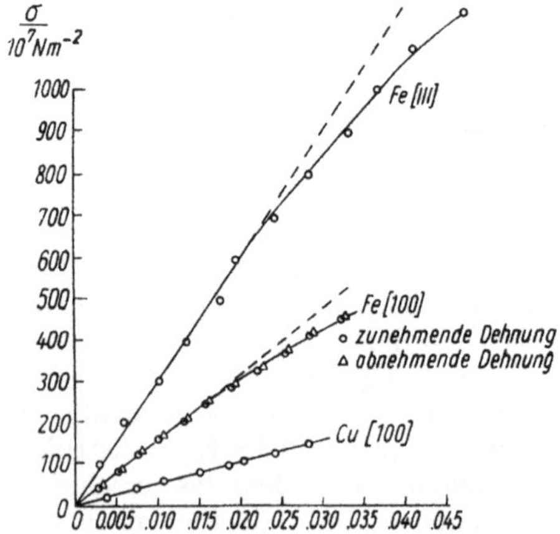

Abb. 2.1. Spannungs-Dehnungs-Kurven $\sigma(\varepsilon)$ im elastischen Bereich für Cu- und Fe-Whiskers (nach BRENNER)

stellte sich schon sehr früh heraus, daß die Abhängigkeit $\sigma(\varepsilon)$ bei näherer Betrachtung nichtlinear ist, oft schon bei kleinen Dehnungen.[1]) Um den Einfluß plastischer Defortionsanteile auszuschalten — was namentlich bei Metallen ein besonderes Anliegen ist —, werden gern störungsfreie Kristallfäden (sog. Whiskers) des gewünschten Materials diesen Experimenten unterworfen. Abb. 2.1

Tabelle 2.1

Krümmung 2δ der Spannungs-Dehnungs-Beziehung (nach BRENNER; KOBAYASHI, HIKI) und Zahlenwerte des YOUNGschen Moduls E für einige Materialien (vorwiegend nach LANDOLT-BÖRNSTEIN 1955)

Material	2δ	$E/10^{10}$ Nm^{-2}
Fe-Whisker		
⟨111⟩	8,6	29,4
⟨011⟩		
od. ⟨001⟩	7,6	18,2
Cu-Whisker		
⟨100⟩	-8,6	6
⟨110⟩	20,0	9
⟨111⟩	7,0	1,4

Material	$E/10^{10}$ Nm^{-2}	Material	$E/10^{10}$ Nm^{-2}
Hartgummi (Ebonit)	0,2···0,3	Supremaxglas	8,96
Guttapercha	0,000 06···0,000 14	Eiche (∥ Faser)	0,57
Menschenhaar	0,36	Fichte (∥ Faser)	1,59
Schafwolle	0,1···0,5	menschl. Knochen (bei Biegung)	1,5···1,8
Nylon-Kunstseide (orientiert)	4,97		

[1]) Gelegentlich werden Nichtlinearitäten beobachtet, die mit Hystereseerscheinungen einhergehen und wegen ihrer physikalischen Verschiedenheit nicht hierher gehören (vgl. aber Teil 4).

enthält einige Ergebnisse, die sich durch

$$\varepsilon = \frac{\sigma}{E} + \left(\frac{\sigma}{E}\right)^2 \delta \qquad (2.1)$$

annähern lassen (ε Dehnung, F Kraft, E YOUNGscher Modul, vgl. 2.5, δ Entwicklungskoeffizient). Für Zahlenbeispiele vgl. Tab. 2.1 und Tab. 2.8 (Seite 56).

Als Prototyp einer besonderen Klasse von Festkörpern kann Naturkautschuk gelten. In Abb. 2.1 A ist die Spannungs-Dehnungs-Kurve und in Abb. 2.1 B die Temperaturabhängigkeit der Gleichgewichtsspannung angegeben. Das von Abb. 2.1 abweichende Verhalten ist eine Folge der Molekülstruktur dieser Festkörper. Aus diesem Grunde ist auch eine besondere Bezeichnung gerechtfertigt. Man nennt dieses Verhalten Gummi- oder Kautschukelastizität. Auch die Spannungs-Dehnungs-Kurve menschlicher Knochen weist einen ähnlichen Verlauf auf (Abb. 2.1 C). Wir kommen in 2.9 darauf zurück.

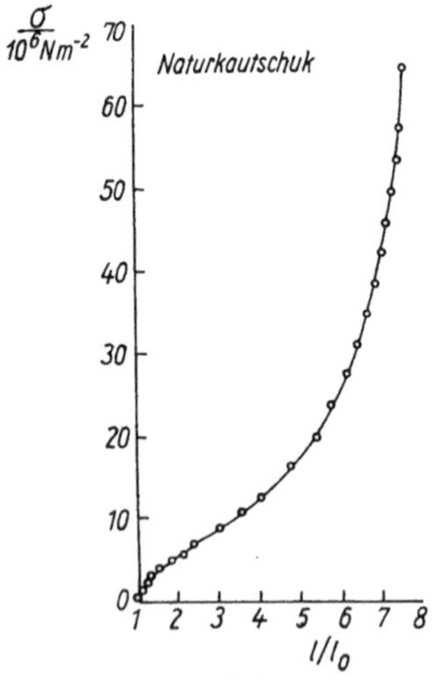

Abb. 2.1 A. Spannungs-Dehnungs-Kurve von Naturkautschuk nach TRELOAR (l, l_0 Probenlänge während bzw. zu Beginn des Versuchs)

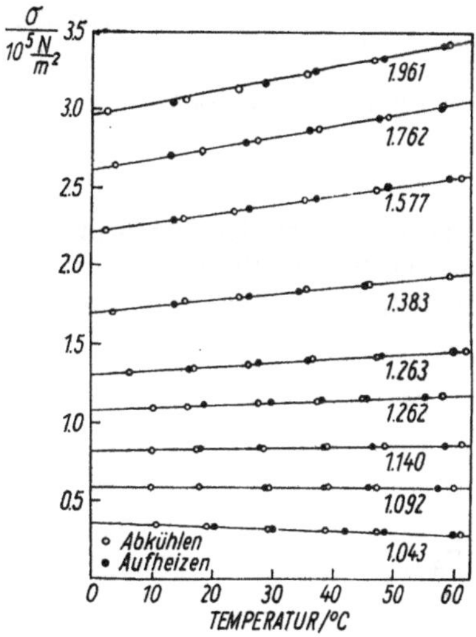

Abb. 2.1 B. Gleichgewichtsspannung σ von Naturkautschuk als Funktion der Temperatur für verschiedene Längenverhältnisse l/l_0 (nach SHEN, MCQUARRIE und JACKSON). Der Vorzeichenwechsel im Anstieg wird als thermoelastische Inversion bezeichnet.

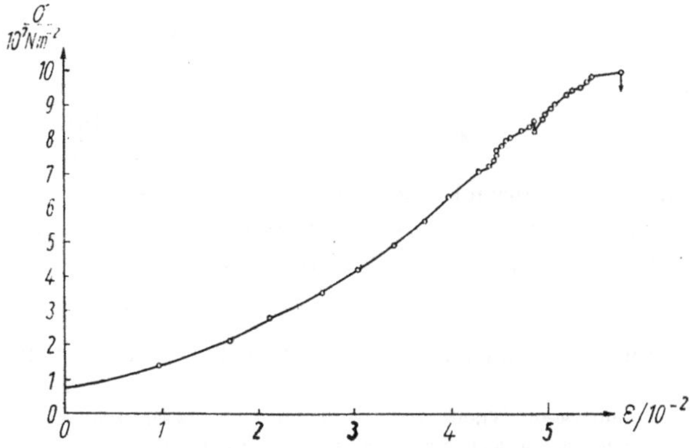

Abb. 2.1 C. Spannungs-Dehnungs-Kurve des menschlichen Unterarmknochens (Radius) bei stufenweiser Belastung nach EHLER. Die Spannung σ ist auf den minimalen Anfangsquerschnitt 70 mm², die Dehnung ε auf die Anfangslänge $l_0 = 205$ mm bezogen. Oberhalb $\approx 8 \cdot 10^7$ Nm^{-2} deutliche äußere Zeichen plastischer Verformung.

2.2. *Beschreibung des verformten Zustandes*

2.2.1. *Definitionen*

In der Kontinuumsnäherung wird der Verformungszustand durch die Verrückung $\boldsymbol{u}$ eines Volumenelementes vom Ort $\boldsymbol{r}$ nach $\boldsymbol{r} + \boldsymbol{u}(\boldsymbol{r}, t)$ beschrieben[1]) (Abb. 2.2).

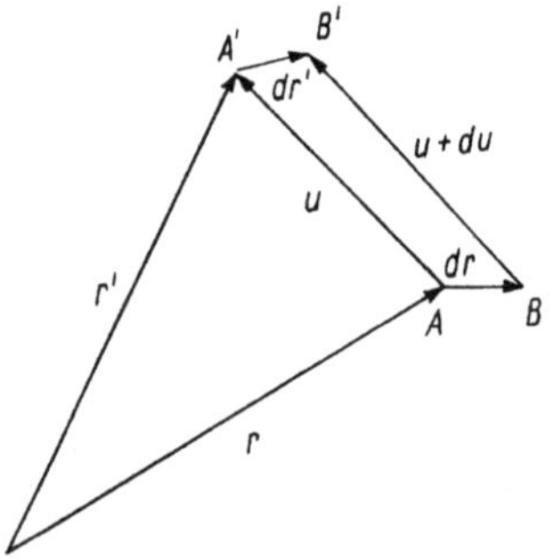

Abb. 2.2. Zur Definition von Verrückung und Deformation

Vergleicht man den Abstand zweier dicht benachbarter Punkte $\overline{AB} = \mathrm{d}\boldsymbol{r}$ vor der Verrückung mit dem danach $\overline{A'B'} = \mathrm{d}\boldsymbol{r}'$,[2]) dann ergibt sich ein brauchbares Maß des Verzerrungszustandes. Analytisch ist dafür offenbar die Ableitung der Verrückung nach dem Ortsvektor, der Deformationstensor $\mathfrak{e} \equiv \partial\boldsymbol{u}/\partial\boldsymbol{r}$, maßgebend. Denn aus $\mathrm{d}\boldsymbol{r}' = \mathrm{d}\boldsymbol{r} + \mathrm{d}\boldsymbol{u}$ folgt zunächst durch Quadrieren

$$(\mathrm{d}\boldsymbol{r}')^2 = (\mathrm{d}\boldsymbol{r})^2 + (\mathrm{d}\boldsymbol{u})^2 + \mathrm{d}\boldsymbol{r} \cdot \mathrm{d}\boldsymbol{u} + \mathrm{d}\boldsymbol{u} \cdot \mathrm{d}\boldsymbol{r}.^{3)} \quad (2.2)$$

Wegen der Ortsabhängigkeit von $\boldsymbol{u}$ läßt sich weiter die

---

[1]) Eine hier uninteressante Translation des gesamten Körpers sei eliminiert.

[2]) $\boldsymbol{r}$ und $\boldsymbol{r}'$ seien auf ein gemeinsames Koordinatensystem mit den Einheitsvektoren $\boldsymbol{e}_1, \boldsymbol{e}_2, \boldsymbol{e}_3$ bezogen: $\boldsymbol{r}' = \sum_j x_j'\boldsymbol{e}_j = \sum_j (x_j + u_j)\,\boldsymbol{e}_j$; x_j heißen LAGRANGEsche Koordinaten oder Materialkoordinaten und x_j' EULERsche Koordinaten eines Punktes.

[3]) $\mathrm{d}\boldsymbol{r} \cdot \mathrm{d}\boldsymbol{u}$ ist das Skalarprodukt von $\mathrm{d}\boldsymbol{r}$ und $\mathrm{d}\boldsymbol{u}$.

Änderung der Verrückung darstellen durch

$$\mathrm{d}\boldsymbol{u} = \mathrm{d}\boldsymbol{r} \cdot \frac{\vec{\partial}}{\partial \boldsymbol{r}} \boldsymbol{u} = \boldsymbol{u} \frac{\overleftarrow{\partial}}{\partial \boldsymbol{r}} \cdot \mathrm{d}\boldsymbol{r}.^{1)} \tag{2.3}$$

Damit nimmt (2.2) die Form

$$\begin{aligned}(\mathrm{d}\boldsymbol{r}')^2 &= (\mathrm{d}\boldsymbol{r})^2 + \left(\mathrm{d}\boldsymbol{r} \cdot \frac{\vec{\partial}}{\partial \boldsymbol{r}}\right) \boldsymbol{u} \cdot \boldsymbol{u} \left(\frac{\overleftarrow{\partial}}{\partial \boldsymbol{r}} \cdot \mathrm{d}\boldsymbol{r}\right) \\ &\quad + \mathrm{d}\boldsymbol{r} \cdot \boldsymbol{u} \frac{\overleftarrow{\partial}}{\partial \boldsymbol{r}} \cdot \mathrm{d}\boldsymbol{r} + \mathrm{d}\boldsymbol{r} \cdot \frac{\vec{\partial}}{\partial \boldsymbol{r}} \boldsymbol{u} \cdot \mathrm{d}\boldsymbol{r} \\ &= (\mathrm{d}\boldsymbol{r})^2 + \mathrm{d}\boldsymbol{r} \cdot \left(\frac{\vec{\partial}}{\partial \boldsymbol{r}} \boldsymbol{u} \cdot \boldsymbol{u} \frac{\overleftarrow{\partial}}{\partial \boldsymbol{r}} + \boldsymbol{u} \frac{\overleftarrow{\partial}}{\partial \boldsymbol{r}} + \frac{\vec{\partial}}{\partial \boldsymbol{r}} \boldsymbol{u}\right) \cdot \mathrm{d}\boldsymbol{r} \\ &\equiv (\mathrm{d}\boldsymbol{r})^2 + 2\mathrm{d}\boldsymbol{r} \cdot \eta \cdot \mathrm{d}\boldsymbol{r}\,^{2)}\end{aligned} \tag{2.4}$$

an, wobei

$$\eta = \tilde{\eta} = \frac{1}{2} (\mathfrak{e} \cdot \tilde{\mathfrak{e}} + \tilde{\mathfrak{e}} + \mathfrak{e}) \tag{2.5}$$

endlicher Verzerrungstensor heißt.[3])

Die Verformung heißt homogen, wenn der Deformationstensor $\mathfrak{e}$ nicht vom Ort abhängt. In diesem Falle ergibt die Integration von (2.3) eine Verrückung

$$\boldsymbol{u}(\boldsymbol{r}, t) = \mathfrak{e} \cdot \boldsymbol{r} + \boldsymbol{u}_0 \tag{2.6}$$

---

[1]) Für den Deformationstensor hat das $\mathfrak{e} = \frac{\vec{\partial}}{\partial \boldsymbol{r}} (\boldsymbol{r}' - \boldsymbol{r}) = \frac{\partial}{\partial \boldsymbol{r}} \boldsymbol{r}' - \mathbf{1}$ oder in Komponenten $e_{ij} = (\partial x_i'/\partial x_j) - \delta_{ij}$ zur Folge ($\delta_{ij} = 1$ für $i = j$, $= 0$ sonst).

[2]) In Komponentenschreibweise $(\mathrm{d}x_i')^2 = (\mathrm{d}x_i)^2 + \sum_{k,l} \left(\frac{\partial u_l}{\partial x_k} + \frac{\partial u_k}{\partial x_l} + \frac{\partial u_l}{\partial x_i} \times \frac{\partial u_l}{\partial x_k}\right) \mathrm{d}x_i\, \mathrm{d}x_k$.

[3]) Mitunter ist auch die Darstellung in alten und neuen Koordinaten zweckmäßig. Dann ist $2\eta_{ij} = \sum_k \frac{\partial x_k'\, \partial x_k'}{\partial x_i\, \partial x_j} - \delta_{ij}$ oder $2\boldsymbol{\eta} = \tilde{\mathbf{J}}\mathbf{J} - \mathbf{1}$ mit $J_{ij} = \partial x_i'/\partial x_j$ als Element der JACOBIschen Matrix $\mathbf{J}$; $\|\mathbf{J}\|$ heißt JACOBIsche Determinante.

mit der im folgenden Null gesetzten Integrationskonstanten $\boldsymbol{u}_0$. Zwischen dem Ort eines Punktes vor und nach der homogenen Verformung besteht demnach der Zusammenhang

$$\boldsymbol{r}' = (1 + \mathrm{e}) \cdot \boldsymbol{r}. \tag{2.7}$$

Sehr oft beschränkt man sich auf infinitesimale Verzerrungszustände, vernachlässigt also in (2.5) den Anteil $\mathrm{e} \cdot \tilde{\mathrm{e}}$. Dann ist die gesamte Verzerrung wegen

$$(\mathrm{d}\boldsymbol{r}')^2 = (\mathrm{d}\boldsymbol{r})^2 + 2\mathrm{d}\boldsymbol{r} \cdot \boldsymbol{\epsilon} \cdot \mathrm{d}\boldsymbol{r} \tag{2.8}$$

durch den (symmetrischen) Tensor der infinitesimalen Verzerrung

$$\boldsymbol{\epsilon} \equiv \frac{1}{2}(\mathrm{e} + \tilde{\mathrm{e}}) \tag{2.9}$$

allein gegeben.

Die durch den nicht notwendig symmetrischen Tensor e gemessene Gesamtdeformation enthält in diesem Falle neben der infinitesimalen Verzerrung i. allg. noch einen (antisymmetrischen) Anteil infinitesimaler Drehung

$$\boldsymbol{\omega} \equiv \frac{1}{2}(\mathrm{e} - \tilde{\mathrm{e}}) \tag{2.10}$$

mit $\boldsymbol{\epsilon} + \boldsymbol{\omega} = \mathrm{e}$.[1]) Weiter ist $\boldsymbol{u}(\boldsymbol{r} + \mathrm{d}\boldsymbol{r}) = \boldsymbol{u}(\boldsymbol{r}) + \mathrm{d}\boldsymbol{r} \cdot \boldsymbol{\omega} + \mathrm{d}\boldsymbol{r} \cdot \boldsymbol{\epsilon}$ und $\mathrm{d}\boldsymbol{u}(\boldsymbol{r} + \mathrm{d}\boldsymbol{r}) = \mathrm{d}\boldsymbol{r} \cdot \boldsymbol{\omega} + \mathrm{d}\boldsymbol{r} \cdot \boldsymbol{\epsilon}$. Einem antisymmetrischen Tensor läßt sich ein axialer Vektor ω derart zuordnen, daß $\mathrm{d}\boldsymbol{r} \cdot \boldsymbol{\omega} = \mathrm{d}\boldsymbol{r} \times \omega$.

Als Bedingung für die Existenz des Verrückungsfeldes gilt die St. Venantsche Verträglichkeitsbedingung (Kompatibilitätsbedingung)

$$\frac{\vec{\partial}}{\partial \boldsymbol{r}} \times \boldsymbol{\epsilon} \times \frac{\overleftarrow{\partial}}{\partial \boldsymbol{r}} \equiv \mathrm{ink}\, \boldsymbol{\epsilon} = 0. \tag{2.10a}$$

Mit (2.10a) wird (2.9) $\boldsymbol{\epsilon} = ([\vec{\partial}/\partial\boldsymbol{r}]\,\boldsymbol{u} + \boldsymbol{u}[\overleftarrow{\partial}/\partial\boldsymbol{r}])/2 \equiv \mathrm{def}\,\boldsymbol{u}$.

---

[1]) In Komponentenschreibweise $\epsilon_{ij} = \epsilon_{ji} = \frac{1}{2}(\partial u_i/\partial x_j + \partial u_j/\partial x_i)$ bzw. $\omega_{ij} = -\omega_{ji} = \frac{1}{2}(\partial u_i/\partial x_j - \partial u_j/\partial x_i)$.

2.2.2. *Volumenänderung*

Elastische Verformung geht (im Gegensatz zur plastischen, vgl. 5) mit erheblicher Volumenänderung einher. Das Volumen des deformierten Körpers V' berechnet sich für eine homogene Deformation (2.6) aus dem vor der Verformung V über

$$V' = \left\| \frac{\partial \mathbf{r}'}{\partial \mathbf{r}} \right\| V = \|1 + \mathbf{e}\| \, V,^{1)} \qquad (2.11)$$

oder auch unter Verwendung des Verzerrungstensors aus

$$\left(\frac{V'}{V}\right)^2 = \|1 + 2\boldsymbol{\eta}\| = \|\tilde{\mathbf{J}}\mathbf{J}\|.^{2)} \qquad (2.12)$$

Mit den Abkürzungen (2.35) läßt sich das Volumen- bzw. Massendichteverhältnis schreiben als

$$\frac{V'}{V} = \frac{\varrho}{\varrho'} = \|\mathbf{J}\| = \sqrt{1 + 2J_1 + 4J_2 + 8J_3}. \qquad (2.13)$$

Kann die Verformung als infinitesimal angesehen werden, vereinfacht sich (2.13) zu

$$\frac{V'}{V} \approx 1 + e_{\mathrm{I}} + e_{\mathrm{II}} + e_{\mathrm{III}} = 1 + \operatorname{Sp} \mathbf{e} = 1 + \operatorname{Sp} \boldsymbol{\varepsilon} \approx 1 + \operatorname{Sp} \boldsymbol{\eta} \qquad (2.14)$$

mit $e_{\mathrm{I}}, e_{\mathrm{II}}, e_{\mathrm{III}}$ als Hauptdeformationen (Diagonalelemente des auf Hauptachsen transformierten $\mathbf{e}$) und $\operatorname{Sp} \mathbf{e} \equiv \sum_{i=1}^{3} e_{ii}$.

---

1) $\|\mathbf{A}\|$ ist die Determinante von $\mathbf{A}$.

2) Denn es ist $\|1 + \mathbf{e}\| = \sqrt{\|1 + \tilde{\mathbf{e}}\| \cdot \|1 + \mathbf{e}\|} = \sqrt{\|(1 + \tilde{\mathbf{e}}) \cdot (1 + \mathbf{e})\|} = \sqrt{\|1 + 2\boldsymbol{\eta}\|}$.

2.2.3. *Beispiele für Verzerrungszustände*

Wir geben einige Beispiele von Verzerrungstensoren an[1]) (vgl. auch Murnaghan).

a) Homogene Dilatation oder Kompression:
Hier ist

$$\mathfrak{e} = \begin{pmatrix} k & 0 & 0 \\ 0 & k & 0 \\ 0 & 0 & k \end{pmatrix} \qquad k = \text{const} \quad \begin{matrix} > & \text{Dilatation} \\ 0 & \\ < & \text{Kompression} \end{matrix}$$

und wegen (2.5)

$$\boldsymbol{\eta} = \left(k + \frac{1}{2}\,k^2\right)\mathbf{1}. \tag{2.15}$$

Die zugehörige infinitesimale Näherung ($k^2 \to 0$) ist $\boldsymbol{\eta} = k\mathbf{1}$.

b) Torsion um die $\boldsymbol{e}_3$-Achse:
Hier liegt ein Beispiel für einen inhomogenen Deformationszustand vor. Es ist

$$\mathfrak{e} = \begin{pmatrix} \cos kx_3 - 1 & -\sin kx_3 & 0 \\ \sin kx_3 & \cos kx_3 - 1 & 0 \\ 0 & 0 & 0 \end{pmatrix}, \quad k = \text{const}$$

und

$$\boldsymbol{\eta} = \frac{1}{2}\begin{pmatrix} 0 & 0 & -kx_2 \\ 0 & 0 & kx_1 \\ -kx_2 & kx_1 & k^2(x_1{}^2 + x_2{}^2) \end{pmatrix}. \tag{2.16}$$

---

[1]) Um zu prüfen, ob die Verformung Drehanteile enthält, bilde man $\boldsymbol{\eta}$; $\eta_{ij} \neq 0$ bedeutet echte Verzerrung ohne Rotation.

c) Dilatation oder Kompression in $\boldsymbol{e}_3$-Richtung mit Querschnittsänderung:

$$\mathfrak{e} = \begin{pmatrix} -\nu k & 0 & 0 \\ 0 & -\nu k & 0 \\ 0 & 0 & k \end{pmatrix}, \quad k = \text{const} \quad \begin{matrix} > & \text{Zug} \\ 0 & \\ < & \text{Druck} \end{matrix}$$

ν Poissonsche Konstante (vgl. 2.5)

$$\boldsymbol{\eta} = \begin{pmatrix} -\nu k + \frac{1}{2}\nu^2 k^2 & 0 & 0 \\ 0 & -\nu k + \frac{1}{2}\nu^2 k^2 & 0 \\ 0 & 0 & k + \frac{1}{2} k^2 \end{pmatrix}.^{1)} \qquad (2.17)$$

Auch hier folgt die infinitesimale Näherung aus $k^2 \to 0$.

d) Scherung mit infinitesimaler Drehung:

$$\mathfrak{e} = \begin{pmatrix} 0 & \gamma & 0 \\ 0 & 0 & 0 \\ 0 & 0 & 0 \end{pmatrix}, \quad \gamma = \text{const}$$

---

[1]) Bei der Auswertung von Zug- oder Druckversuchen werden in der Literatur unterschiedliche Definitionen der Verzerrung (oder, wie man in diesem Falle meist sagt, der Dehnung) verwendet. Bezieht man die Länge des homogen deformierten Stabes auf die Ausgangslänge l_0, dann ist $u(l_0)/l_0 = e_{33}l_0/l_0 = k$ ein gebräuchliches Maß für die Dehnung (Cauchy) in Zugrichtung, das aber für $k \gtreqless 1$ keineswegs das einzig mögliche ist. Beispielsweise läßt sich nach Kirchhoff $k + \frac{1}{2} k^2 \; (= \eta_{33})$ oder nach Hencky $\int\limits_{l_0}^{l_0 + \Delta l} \mathrm{d}l/l = \ln (k + 1)$ auch als Dehnungsmaß verwenden. Im Grenzfall kleiner Verzerrungen stimmen sie alle mit der Cauchyschen Dehnung überein. Da die Form der Spannungs-Dehnungs-Beziehung (vgl. 2.5) von dieser Definition abhängt, kann man durch geeignete Wahl der Dehnung immer eine Linearisierung erreichen.

und

$$\boldsymbol{\eta} = \begin{pmatrix} 0 & \frac{\gamma}{2} & 0 \\ \frac{\gamma}{2} & \frac{\gamma^2}{2} & 0 \\ 0 & 0 & 0 \end{pmatrix}. \tag{2.18}$$

e) Scherung ohne infinitesimale Drehung:

$$\mathfrak{e} = \boldsymbol{\varepsilon} = \begin{pmatrix} 0 & \frac{\gamma}{2} & 0 \\ \frac{\gamma}{2} & 0 & 0 \\ 0 & 0 & 0 \end{pmatrix}, \ \gamma = \text{const},$$

$$\boldsymbol{\eta} = \begin{pmatrix} \frac{\gamma^2}{8} & \frac{\gamma}{2} & 0 \\ \frac{\gamma}{2} & \frac{\gamma^2}{8} & 0 \\ 0 & 0 & 0 \end{pmatrix}. \tag{2.19}$$

Die zugehörigen Volumenänderungen ergeben sich dann aus (2.12).

2.2.4. *Addition endlicher Verzerrungen*

Da sich die Deformationstensoren und Verzerrungstensoren aufeinanderfolgender Verformungen nicht einfach addieren, sei hier noch auf ihre Addition hingewiesen. Nach der ersten Verformung gerate $\boldsymbol{r}$ gemäß (2.7) nach $\boldsymbol{r}'$, und als Folge der zweiten gehe $\boldsymbol{r}'$ in $\boldsymbol{r}''$ über. Zwischen $\boldsymbol{r}''$ und $\boldsymbol{r}$ besteht der Zusammenhang

$$\boldsymbol{r}'' = (\mathbf{1} + \mathfrak{e}') \cdot \boldsymbol{r}' = (\mathbf{1} + \mathfrak{e}') \cdot (\mathbf{1} + \mathfrak{e}) \cdot \boldsymbol{r} = (\mathbf{1} + \mathfrak{e} + \mathfrak{e}' + \mathfrak{e}' \cdot \mathfrak{e}) \cdot \boldsymbol{r} = (\mathbf{1} + \mathfrak{e}'') \cdot \boldsymbol{r}. \tag{2.20}$$

Die Differenz der Tensoren der End- und Anfangsdeformation ist daher durch

$$\mathbf{e}'' - \mathbf{e} = \mathbf{e}' \cdot (\mathbf{1} + \mathbf{e}) \tag{2.21}$$

gegeben. Nach (2.5) und (2.21) ergibt sich für die analoge Differenz der Verzerrungstensoren

$$\begin{aligned} 2(\boldsymbol{\eta}'' - \boldsymbol{\eta}) &= \mathbf{e}'' \cdot \tilde{\mathbf{e}}'' + \tilde{\mathbf{e}}'' + \mathbf{e}'' - \mathbf{e} \cdot \tilde{\mathbf{e}} - \tilde{\mathbf{e}} - \tilde{\mathbf{e}} \\ &= (\mathbf{1} + \tilde{\mathbf{e}}) \cdot (\mathbf{e}' + \tilde{\mathbf{e}}' + \tilde{\mathbf{e}}' \cdot \mathbf{e}') \cdot (\mathbf{1} + \mathbf{e}) \\ &= (\mathbf{1} + \tilde{\mathbf{e}}) \cdot 2\boldsymbol{\eta}' \cdot (\mathbf{1} + \mathbf{e}). \end{aligned} \tag{2.22}$$

Falls die zweite gegenüber der ersten als sehr klein angesehen werden darf, gilt anstelle (2.21)

$$\mathbf{e}'' - \mathbf{e} \equiv \mathrm{d}\mathbf{e} = \mathrm{d}\mathbf{e}' \cdot (\mathbf{1} + \mathbf{e}) \tag{2.23}$$

und anstelle (2.22)

$$\begin{aligned} 2(\boldsymbol{\eta}'' - \boldsymbol{\eta}) \equiv 2\mathrm{d}\boldsymbol{\eta} &= (\mathbf{1} + \tilde{\mathbf{e}}) \cdot (\mathrm{d}\mathbf{e}' + \mathrm{d}\tilde{\mathbf{e}}')\,(\mathbf{1} + \mathbf{e}) \\ &= (\mathbf{1} + \tilde{\mathbf{e}}) \cdot 2\mathrm{d}\boldsymbol{\epsilon}' \cdot (\mathbf{1} + \mathbf{e}). \end{aligned} \tag{2.24}$$

Die Lageänderung eines Punktes ist in diesem Falle unter Verwendung von (2.20) und (2.23) durch

$$\boldsymbol{r}'' - \boldsymbol{r}' = \mathrm{d}\mathbf{e}' \cdot \boldsymbol{r}' = \mathrm{d}\mathbf{e}' \cdot (\mathbf{1} + \mathbf{e}) \cdot \boldsymbol{r} = \mathrm{d}\mathbf{e} \cdot \boldsymbol{r} = \mathrm{d}\boldsymbol{r} \tag{2.25}$$

festgelegt.

2.3. *Energiedichte des homogen verformten Festkörpers. Elastische Moduln*

2.3.1. *Entwicklung nach Verzerrungen*

Nach (2.4) ist der Verzerrungszustand vollständig durch $\boldsymbol{\eta}$ bestimmt. Daher muß sich eine physikalische Größe wie die Energiedichte v[1]) nach den Komponenten

[1]) genauer: Dichte der freien Energie (isotherme elastische Eigenschaften) oder Dichte der inneren Energie (adiabatische elastische Eigenschaften), vgl. auch Kap. 2.5.

η_{ij} entwickeln lassen. Wir machen im folgenden davon Gebrauch, um die elastischen Moduln einzuführen, mit denen wir das elastische Verhalten des Festkörpers sehr bequem beschreiben können.

Bis zur dritten Ordnung hat die Entwicklung die Form

$$v(\eta_{ij}) = v_0 + \sum_{i,j} \left(\frac{\partial v}{\partial \eta_{ij}}\right)_0 \eta_{ij} + \frac{1}{2!} \sum_{i,j,k,l} \left(\frac{\partial^2 v}{\partial \eta_{ij} \partial \eta_{kl}}\right)_0 \eta_{ij}\eta_{kl} + \frac{1}{3!} \sum_{i,j,k,l,m,n} \left(\frac{\partial^3 v}{\partial \eta_{ij} \partial \eta_{kl} \partial \eta_{mn}}\right)_0 \eta_{ij}\eta_{kl}\eta_{mn} + \cdots \tag{2.26}$$

$$v(\eta_{ij}) = v_0 + \sum_{i,j} C_{ij}\eta_{ij} + \frac{1}{2!} \sum_{i,j,k,l} C_{ijkl}\eta_{ij}\eta_{kl} + \frac{1}{3!} \sum_{i,j,k,l,m,n} C_{ijklmn}\eta_{ij}\eta_{kl}\eta_{mn} + \cdots. \tag{2.27}$$

In (2.27) wurden Entwicklungskoeffizienten eingeführt[1]), die in n-ter Ordnung Tensoren $(2n)$-ter Stufe bilden. Das sind die elastischen Moduln n-ter Ordnung.[2]) Sie bestimmen den Betrag der mit einer vorgegebenen Verzerrung verbundenen Energiedichte. Auf ihre Messung und Symmetrieeigenschaften wird später eingegangen (Kap. 2.6 und 2.7). Die elastischen Moduln dritter und höherer Ordnung sind sehr eng mit wichtigen anharmonischen Effekten, wie thermischer Ausdehnung, Dämpfung, Bruch u. a., verknüpft und beanspruchen daher neben denen zweiter Ordnung mehr und mehr Interesse.

---

[1]) In der Literatur werden unterschiedliche Definitionen der C_{ijklmn} nebeneinander benutzt. Die hier verwendete folgt BRUGGER (1964).

[2]) C_{ij} demnach erster, C_{ijkl} zweiter Ordnung usw. Aus $\eta_{ij} = \eta_{ji}$ folgt für die Moduln eine Invarianz gegenüber Vertauschung der Indizes innerhalb eines Paares (z. B. ij oder kl) sowie der Paare untereinander (z. B. ij mit kl). Zur Bedeutung der C_{ij} vgl. 2.5.

2.3.2. *Voigtsche Indizierung*

Zur Vereinfachung der Indizierung der elastischen Moduln wird häufig dem Beispiele W. VOIGTS folgend ein Indexpaar ij, dessen Vertauschung nichts ändert, durch eine Zahl k nach folgendem Schema ersetzt:

ij	11	22	33	23 = 32	31 = 13	12 = 21
k	1	2	3	4	5	6 .

(2.28)

Das gleiche Vorgehen wird auf die Indizes von Elementen des Verzerrungs- und des (noch zu besprechenden) Spannungstensors angewandt. Dabei muß mit Rücksicht auf eine einfache Form des in Kap. 2.5 einzuführenden HOOKEschen Gesetzes für die infinitesimalen Verzerrungen zusätzlich folgendes vereinbart werden:

$$\varepsilon_{ij} \equiv \begin{cases} \varepsilon_k & \text{für} \quad i = j \\ \frac{1}{2}\varepsilon_k & \phantom{\text{für}} \quad i \neq j \end{cases} . \qquad (2.29)$$

Die elastischen Moduln von Gl. (2.27) werden in VOIGTscher Schreibweise durch kleine Buchstaben gekennzeichnet:

$$\begin{aligned} C_{ij} &\to c_p \\ C_{ijkl} &\to c_{pq} \\ C_{ijklmn} &\to c_{pqr} \quad \text{usw.} \end{aligned} \qquad (2.30)$$

2.3.3. *Energiedichte und elastische Moduln*

Die Abhängigkeit der Energiedichte von den Verzerrungen nimmt bei Verwendung der VOIGTschen Schreibweise (Abschn. 2.3.2) und der Annahme $C_{ij} = 0$ (vgl.

Kap. 2.5) die Gestalt an

$$
\begin{aligned}
v = {} & \frac{1}{2} c_{11}\eta_1^2 + c_{12}\eta_1\eta_2 + c_{13}\eta_1\eta_3 + 2c_{14}\eta_1\eta_4 + 2c_{15}\eta_1\eta_5 + 2c_{16}\eta_1\eta_6 \\
& + \frac{1}{2} c_{22}\eta_2\eta_2 + c_{23}\eta_2\eta_3 + 2c_{24}\eta_2\eta_4 + 2c_{25}\eta_2\eta_5 + 2c_{26}\eta_2\eta_6 \\
& + \frac{1}{2} c_{33}\eta_3\eta_3 + 2c_{34}\eta_3\eta_4 + 2c_{35}\eta_3\eta_5 + 2c_{36}\eta_3\eta_6 \\
& + 2c_{44}\eta_4\eta_4 + 4c_{45}\eta_4\eta_5 + 4c_{46}\eta_4\eta_6 \\
& + 2c_{55}\eta_5\eta_5 + 4c_{56}\eta_5\eta_6 \\
& + 2c_{66}\eta_6\eta_6 \\
& + \frac{1}{6} c_{111}\eta_1^3 + \frac{1}{2} c_{112}\eta_1^2\eta_2 + \frac{1}{2} c_{113}\eta_1^2\eta_3 + c_{114}\eta_1^2\eta_4 + c_{115}\eta_1^2\eta_5 + c_{116}\eta_1^2\eta_6 \\
& + \frac{1}{2} c_{122}\eta_1\eta_2^2 + c_{123}\eta_1\eta_2\eta_3 + 2c_{124}\eta_1\eta_2\eta_4 + 2c_{125}\eta_1\eta_2\eta_5 + 2c_{126}\eta_1\eta_2\eta_6 \\
& + \frac{1}{2} c_{133}\eta_1\eta_3^2 + 2c_{134}\eta_1\eta_3\eta_4 + 2c_{135}\eta_1\eta_3\eta_5 + 2c_{136}\eta_1\eta_3\eta_6 \\
& + 2c_{144}\eta_1\eta_4^2 + 4c_{145}\eta_1\eta_4\eta_5 + 4c_{146}\eta_1\eta_4\eta_6 \\
& + 2c_{155}\eta_1\eta_5^2 + 4c_{156}\eta_1\eta_5\eta_6 \\
& + 2c_{166}\eta_1\eta_6^2 \\
& + \frac{1}{6} c_{222}\eta_2^3 + \frac{1}{2} c_{223}\eta_2^2\eta_3 + c_{224}\eta_2^2\eta_4 + c_{225}\eta_2^2\eta_5 + c_{226}\eta_2^2\eta_6 \\
& + \frac{1}{2} c_{233}\eta_2\eta_3^2 + 2c_{234}\eta_2\eta_3\eta_4 + 2c_{235}\eta_2\eta_3\eta_5 + 2c_{236}\eta_2\eta_3\eta_6 \\
& + 2c_{244}\eta_2\eta_4^2 + 4c_{245}\eta_2\eta_4\eta_5 + 4c_{246}\eta_2\eta_4\eta_6 \\
& + 2c_{255}\eta_2\eta_5^2 + 4c_{256}\eta_2\eta_5\eta_6 \\
& + 2c_{266}\eta_2\eta_6^2 \\
& + \frac{1}{6} c_{333}\eta_3^3 + c_{334}\eta_3^2\eta_4 + c_{335}\eta_3^2\eta_5 + c_{336}\eta_3^2\eta_6 \\
& + 2c_{344}\eta_3\eta_4^2 + 4c_{345}\eta_3\eta_4\eta_5 + 4c_{346}\eta_3\eta_4\eta_6 \\
& + 2c_{355}\eta_3\eta_5^2 + 4c_{356}\eta_3\eta_5\eta_6 \\
& + 2c_{366}\eta_3\eta_6^2
\end{aligned}
$$

$$
\begin{aligned}
&+ \frac{4}{3} c_{444}\eta_4^3 + 4c_{445}\eta_4^2\eta_5 + 4c_{446}\eta_4^2\eta_6 \\
&\quad + 4c_{455}\eta_4\eta_5^2 + 8c_{456}\eta_4\eta_5\eta_6 \\
&\quad\quad + 4c_{466}\eta_4\eta_6^2 \\
&+ \frac{4}{3} c_{555}\eta_5^3 + 4c_{556}\eta_5^2\eta_6 \\
&\quad + 4c_{566}\eta_5\eta_6^2 \\
&\quad\quad + \frac{4}{3} c_{666}\eta_6^3 + O(\eta^4).
\end{aligned}
\tag{2.31}
$$

Insgesamt hat man im Falle niedrigster Kristallsymmetrie 21 elastische Moduln zweiter und 56 dritter Ordnung usf. (vgl. auch 2.6). Bei Anwesenheit von Symmetrieelementen reduziert sich die Zahl der unabhängigen Moduln (vgl. 2.7.1). Im Falle der höchsten (kubischen) Kristall-Symmetrie bleiben 3 zweiter und 6 dritter Ordnung unabhängig.[1])

Wir geben im folgenden den Ausdruck für die Energiedichte kubischer Kristalle[2]) an:

$$
\begin{aligned}
v = &\frac{1}{2} c_{11}(\eta_1^2 + \eta_2^2 + \eta_3^2) + c_{12}(\eta_1\eta_2 + \eta_2\eta_3 + \eta_3\eta_1) \\
&+ 2c_{44}(\eta_6^2 + \eta_5^2 + \eta_4^2) + \frac{1}{6} c_{111}(\eta_1^3 + \eta_2^3 + \eta_3^3)
\end{aligned}
$$

---

[1]) Der Unterschied zwischen adiabatischen (S) und isothermen (T) (vgl. Fußn. S. 23 und Kap. 2.5.) beträgt – wie in der Thermodynamik gezeigt wird – im Falle kubischer Symmetrie z. B. $c_{11}^S - c_{11}^T = c_{12}^S - c_{12}^T = \gamma^2 T C_v / V_m$, $c_{44}^S - c_{44}^T = 0$, wo $\gamma = V_m \alpha K / C_v = (V_m/T)(\partial^2 F/\partial T \partial V)/(\partial^2 F/\partial T^2)$ die sog. GRÜNEISEN-Konstante, C_v die Wärmekapazität bei konstantem Volumen, K der isotherme Kompressionsmodul, α der Volumenausdehnungskoeffizient, F die freie Energie und V_m das Molvolumen sind.

[2]) Aus Symmetriegründen ist $c_{111} = c_{222} = c_{333}$, $c_{112} = c_{133} = c_{223} = c_{113} = c_{332} = c_{122}$, $c_{114} = c_{366} = c_{255}$, $c_{166} = c_{355} = c_{244} = c_{344} = c_{266} = c_{155}$, c_{123}, c_{456}; sonst Null $\left(\text{für die Klassen } 432,\ \bar{4}3\text{m},\ \frac{4}{\text{m}}\bar{3}\frac{2}{\text{m}}\right)$.

$$+\frac{1}{2}c_{112}\{\eta_1^2(\eta_2+\eta_3)+\eta_2^2(\eta_1+\eta_3)+\eta_3^2(\eta_1+\eta_2)\}$$
$$+c_{123}\eta_1\eta_2\eta_3+8c_{456}\eta_4\eta_5\eta_6+2c_{144}\{\eta_1\eta_4^2+\eta_2\eta_5^2$$
$$+\eta_3\eta_6^2\}+2c_{166}\{(\eta_1+\eta_2)\eta_6^2+(\eta_2+\eta_3)\eta_4^2$$
$$+(\eta_3+\eta_1)\eta_5^2\}. \tag{2.32}$$

Der elastisch isotrope Körper, etwa realisiert durch den Polykristall (vgl. 2.7.2), ist in seinem Deformationsverhalten bereits durch 2 unabhängige Moduln zweiter und 3 dritter Ordnung vollständig beschrieben. Diese werden aus 5 Zahlenwerten wie folgt zusammengesetzt:

$$C_{ijkl}=\lambda\delta_{ij}\delta_{kl}+\mu(\delta_{ik}\delta_{jl}+\delta_{il}\delta_{kj})$$
$$C_{ijklmn}=l\delta_{ij}\delta_{kl}\delta_{mn}+m\{\delta_{ij}(\delta_{km}\delta_{ln}+\delta_{kn}\delta_{lm})+\cdots\}$$
$$+n\{\delta_{ik}\delta_{lm}\delta_{jn}+\delta_{il}\delta_{km}\delta_{jn}+\cdots\}. \tag{2.33}$$

λ und μ heißen LAMÉsche Konstanten, l, m und n sind die MURNAGHANschen Elastizitätskonstanten dritter Ordnung.

Damit läßt sich die Energiedichte des isotropen Körpers auf die Form[1])

$$v=\frac{\lambda+2\mu}{2}J_1^2-2\mu J_2+\frac{l+2m}{3}J_1^3-2mJ_1J_2+nJ_3 \tag{2.34}$$

bringen, wobei die Abkürzungen

$$J_1\equiv\eta_{11}+\eta_{22}+\eta_{33}$$
$$J_2\equiv\begin{vmatrix}\eta_{22}&\eta_{23}\\\eta_{32}&\eta_{33}\end{vmatrix}+\begin{vmatrix}\eta_{33}&\eta_{31}\\\eta_{13}&\eta_{11}\end{vmatrix}+\begin{vmatrix}\eta_{11}&\eta_{12}\\\eta_{21}&\eta_{22}\end{vmatrix} \tag{2.35}$$
$$J_3\equiv\begin{vmatrix}\eta_{11}&\eta_{12}&\eta_{13}\\\eta_{21}&\eta_{22}&\eta_{23}\\\eta_{31}&\eta_{32}&\eta_{33}\end{vmatrix}$$

benutzt werden.[2])

---

[1]) Glieder höherer Ordnung als dritter in η sind vernachlässigt.

[2]) J_1, J_2, J_3 sind Invarianten des Verzerrungstensors.

2.4. Spannungen

Wir betrachten einen Festkörper, der durch Massen- und/oder Oberflächenkräfte deformiert sei und sich im mechanischen Gleichgewicht befinde. In diesem System soll der Begriff der mechanischen Spannung eingeführt werden. Dazu denken wir uns den Körper durch eine Schnittfläche A' in 2 Teile zerlegt (s. Abb. 2.3). Um die

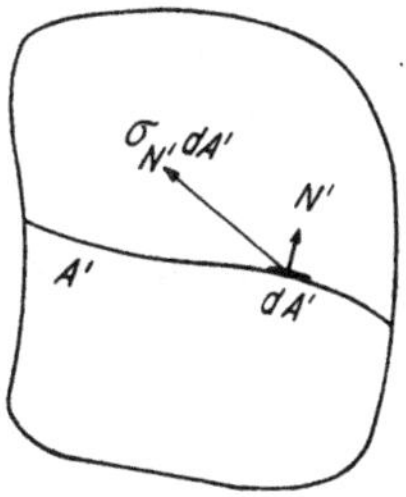

Abb. 2.3. Zur Definition der Spannung

ursprüngliche Gleichgewichtsform zu erhalten, muß in jedem Punkt der Schnittfläche (Flächenelement $\mathrm{d}\boldsymbol{A}' = \boldsymbol{N}'\,\mathrm{d}A'$, $\boldsymbol{N}'$ Normaleneinheitsvektor) eine Kraft $\sigma_{N'}\,\mathrm{d}A'$ wirken, durch die der Spannungsvektor $\sigma_{N'}$ definiert ist. Diese Kraft kompensiert gerade die inneren Kräfte, die als Folge der Verformung durch die Bindungskräfte zwischen den Kristallbausteinen ausgelöst werden (vgl. auch 2.8). Damit ist jedem Punkt des Körpers ein Feld $\boldsymbol{\sigma}$ zugeordnet, dessen Wert von der Orientierung des Flächenelementes $\boldsymbol{N}'$ im betrachteten Punkte abhängt. Wegen

$$\sigma_{N'}\,\mathrm{d}A' = \boldsymbol{\sigma} \cdot \boldsymbol{N}'\,\mathrm{d}A' \tag{2.36}$$

muß $\boldsymbol{\sigma}$ ein Tensor 2. Stufe sein, der Spannungstensor. Er ist auf ein Flächenelement im verformten Zustand bezogen und heißt CAUCHYscher Spannungstensor. Seine Komponenten können im Koordinatensystem der $\boldsymbol{e}_i$ entsprechend $\boldsymbol{\sigma} = \sum_{ij} \sigma_{ij}\boldsymbol{e}_i\boldsymbol{e}_j$ dargestellt werden (vgl. Fußnote 2 S. 16).[1]) Mitunter ist auch ein anderer Bezug zweckmäßig, so z. B. das Flächenelement des unverformten Zustandes $\mathrm{d}\boldsymbol{A} = \boldsymbol{N}\,\mathrm{d}A$. In diesem Falle hat man

$$\sigma_{N'}\,\mathrm{d}A' = \boldsymbol{\sigma}^P \cdot \boldsymbol{N}\,\mathrm{d}A = \frac{\varrho}{\varrho'}\,\boldsymbol{\sigma} \cdot (\tilde{\mathbf{J}}^{-1}) \cdot \boldsymbol{N}\,\mathrm{d}A = \frac{\varrho'}{\varrho}\,\boldsymbol{\sigma}^P \cdot \tilde{\mathbf{J}} \cdot \boldsymbol{N}'\,\mathrm{d}A'. \tag{2.37}$$

$\boldsymbol{\sigma}^P$ heißt 1. Piola-Kirchhoff-Spannungstensor (vgl. Truesdell, Noll), ϱ' bzw. ϱ sind die Massendichten im verformten bzw. unverformten Zustand[2]), $\mathbf{J}$ Jacobische Matrix, vgl. Fußn. 3 S. 17.

In der Koordinatendarstellung hat der in (2.36) definierte Spannungsvektor die Form

$$\begin{aligned} \sigma_{N'1} &= \sigma_{11}N_1' + \sigma_{12}N_2' + \sigma_{13}N_3' \\ \sigma_{N'2} &= \sigma_{21}N_1' + \sigma_{22}N_2' + \sigma_{23}N_3' \\ \sigma_{N'3} &= \sigma_{31}N_1' + \sigma_{32}N_2' + \sigma_{33}N_3'. \end{aligned} \tag{2.38}$$

Wird speziell $\boldsymbol{N}' = \boldsymbol{e}_1$ gewählt, dann ist $\boldsymbol{\sigma}_{N'}$ der Spannungsvektor, der an einem Flächenelement $\mathrm{d}\boldsymbol{A} = \boldsymbol{e}_1\,\mathrm{d}A$ angreift und dessen Projektion auf die Koordinantenachsen σ_{11}, σ_{21} und σ_{31} sind. σ_{11} heißt Normalspannung, σ_{21} und σ_{31} heißen Schubspannungen. Analoges gilt für die beiden übrigen Koordinatenachsen $\boldsymbol{e}_2$ und $\boldsymbol{e}_3$ (s. Abb. 2.4). Mit σ_{ij} wird demnach die Spannungskomponente bezeichnet, bei der die Kraft in i-Richtung auf eine Fläche mit Normale in j-Richtung wirkt.

---

[1]) In Abb. 2.2 ist AB der Abstand zweier dicht benachbarter Punkte im unverformten, $A'B'$ im verformten Zustand.

[2]) Wegen der Erhaltung der Masse ist $\varrho'\sqrt{g'} = \varrho\sqrt{g}$, $g = \|g_{ij}\| = \|\boldsymbol{r}_i \cdot \boldsymbol{r}_j\|$, $g' = \|g'_{ij}\| = \|\boldsymbol{r}_i' \cdot \boldsymbol{r}_j'\|$ sind die Determinanten der metrischen Tensoren vor und nach Verformung.

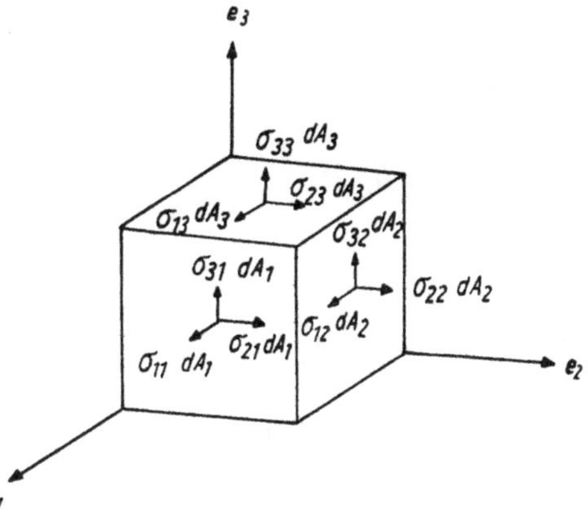

Abb. 2.4. Komponentendarstellung der an 3 Würfelflächen angreifenden Spannungsvektoren zur Deutung der Komponenten des Spannungstensors

Wirken keine Drehmomente auf das Volumenelement, ist der zugehörige Spannungstensor symmetrisch[1]) (vgl. Abb. 2.5), also

$$\boldsymbol{\sigma} = \tilde{\boldsymbol{\sigma}}$$

bzw.

$$\sigma_{ij} = \sigma_{ji} \qquad i, j = 1, 2, 3. \tag{2.38a}$$

$\boldsymbol{\sigma}^P$ ist i. allg. unsymmetrisch.

---

[1]) $0 = \boldsymbol{M} = \oint \boldsymbol{r} \times \boldsymbol{\sigma}_{N'}\, \mathrm{d}A' + \int \boldsymbol{r} \times \boldsymbol{f}\, \mathrm{d}V' = \int \left[\frac{\partial}{\partial \boldsymbol{r}} \cdot (\boldsymbol{r} \times \boldsymbol{\sigma}) + \boldsymbol{r} \times \boldsymbol{f}\right] \mathrm{d}V'$. Daraus folgt $\frac{\partial}{\partial \boldsymbol{r}} \cdot (\boldsymbol{r} \times \boldsymbol{\sigma}) = \frac{\partial}{\partial \boldsymbol{r}} \cdot \left(\overset{\downarrow}{\boldsymbol{r}} \times \boldsymbol{\sigma}\right) + \frac{\partial}{\partial \boldsymbol{r}} \cdot \left(\boldsymbol{r} \times \overset{\downarrow}{\boldsymbol{\sigma}}\right) = -\,\boldsymbol{r} \times \boldsymbol{f}$. Wegen der Gleichgewichtsbedingungen $\boldsymbol{f} + \frac{\partial \boldsymbol{\sigma}}{\partial \boldsymbol{r}}$ hat das $\frac{\partial}{\partial \boldsymbol{r}} \cdot \left(\overset{\downarrow}{\boldsymbol{r}} \times \boldsymbol{\sigma}\right) = 0$ zur Folge, was nur mit $\boldsymbol{\sigma} = \tilde{\boldsymbol{\sigma}}$ zu befriedigen ist.

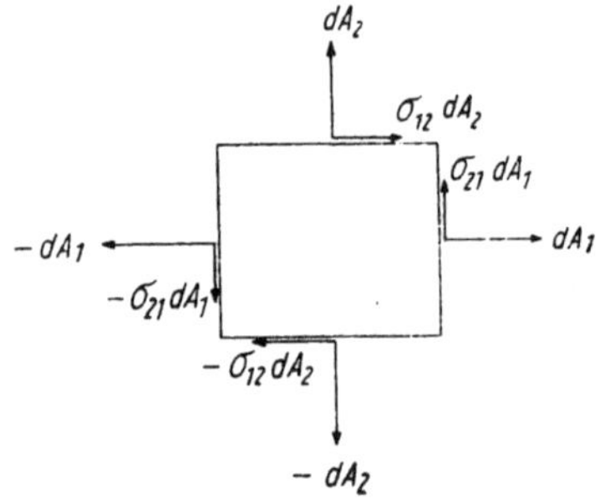

Abb. 2.5. Verschwinden des Drehmomentes um die e_3-Achse ist gleichbedeutend mit $\sigma_{12} = \sigma_{21}$

Enthält der Festkörper gleichmäßig verteilte Teilchen, die sich bezüglich der Umgebung drehen können, wie beispielsweise magnetisch oder elektrisch polarisierte Teilchen im magnetischen oder elektrischen Feld, kann ein resultierendes Drehmoment $\boldsymbol{m}$ im Volumenelement entstehen. Auch über die Oberfläche $\boldsymbol{N}'$ eines Körpers kann ein Oberflächenmoment $\boldsymbol{Q}$ eingeleitet werden. Letzteres gibt analog zu (2.36) Anlaß zum Tensor der Momentenspannung $\boldsymbol{\mu}$ über $\boldsymbol{Q} = \boldsymbol{\mu} \cdot \boldsymbol{N}'$. Dann ist auch $\boldsymbol{\sigma}$ nicht mehr symmetrisch.

2.5. *Spannungs-Dehnungs-Beziehung*

Die Arbeit der äußeren Kräfte (Massen- und Oberflächenkräfte, vgl. Kap. 2.4.) im verformten Zustand läßt sich nach dem Prinzip der virtuellen Verrückungen ermitteln. Bezüglich der Herleitung sei z. B. auf LUR'E verwiesen. Danach wird durch die Wirkung der Spannung $\bar{\boldsymbol{\sigma}} \equiv \mathbf{J}^{-1} \cdot \bar{\boldsymbol{\sigma}}^P$ im Verlaufe der Verzerrung $\delta\boldsymbol{\eta}$ eine Arbeit (bezogen auf das Volumen im Ausgangszustand)

$$\delta w = \bar{\boldsymbol{\sigma}} : \mathrm{d}\boldsymbol{\eta} \tag{2.39}$$

verrichtet. Dabei wurde der sog. 2. PIOLA-KIRCHHOFF-Spannungstensor $\bar{\boldsymbol{\sigma}}$ eingeführt, um eine Darstellung der Spannung bezüglich des unverformten Zustandes zu haben, die stets symmetrisch ist.

CAUCHYscher und 2. PIOLA-KIRCHHOFFscher Spannungstensor sind dann über

$$\boldsymbol{\sigma} = \frac{\varrho'}{\varrho} \mathbf{J} \cdot \bar{\boldsymbol{\sigma}} \cdot \tilde{\mathbf{J}} \tag{2.40}$$

miteinander verknüpft. Als Folge der aufgewandten Arbeit ändert sich die innere Energiedichte des Systems um

$$\delta u = \bar{\boldsymbol{\sigma}} : \mathrm{d}\boldsymbol{\eta} + T\delta s = \left(\frac{\partial u}{\partial \boldsymbol{\eta}}\right)_S : \delta\boldsymbol{\eta} + \left(\frac{\partial u}{\partial s}\right)_\eta \delta s\,, \tag{2.41}$$

wo T die Temperatur und s die Entropiedichte bedeuten. Daraus folgt die Gültigkeit einer Zustandsgleichung der Form

$$\bar{\boldsymbol{\sigma}} = \left(\frac{\partial u}{\partial \boldsymbol{\eta}}\right)_S, \quad T = \left(\frac{\partial u}{\partial s}\right)_\eta. \tag{2.42}$$

Adiabatische Deformationsprozesse sind durch $\delta u = \delta w$, isotherme durch $\delta f = \delta w$ gekennzeichnet (f Dichte der freien Energie). Es empfiehlt sich in diesem Zusammenhang, eine potentielle Energiedichte der Deformation v einzuführen[1]), deren Änderung bei adiabatischer Versuchsführung die Bedeutung einer Änderung der inneren Energie, bei isothermer der freien Energie besitzt.[2])

---

[1]) Die potentielle Deformationsenergie eines Körpers ist dann das Integral über das Volumen vor der Verformung $\int v\,\mathrm{d}V$.

[2]) Für piezoelektrische Kristalle ist im thermodynamischen Potential der Term $-\boldsymbol{E}\cdot\boldsymbol{D}$ mit $\boldsymbol{E}$ als elektrischer Feldstärke und $\boldsymbol{D}$ als dielektrischer Verschiebung zu berücksichtigen (vgl. z. B. NAKAGAWA, YAMANOUCHI, SHIBAYAMA).

Aus der Deformationsenergie als Funktion der Verzerrungen (vgl. (2.27)) gewinnt man dann die Spannungs-Dehnungs-Beziehung durch Differentiation entsprechend

$$\bar{\boldsymbol{\sigma}} = \frac{\partial v}{\partial \boldsymbol{\eta}} \tag{2.43}$$

und unter Verwendung von (2.40)

$$\boldsymbol{\sigma} = \frac{\varrho'}{\varrho} \boldsymbol{\sigma}^P \cdot \tilde{\mathbf{J}} = \frac{\varrho'}{\varrho} \mathbf{J} \cdot \frac{\partial v}{\partial \boldsymbol{\eta}} \cdot \tilde{\mathbf{J}}\,. \tag{2.43a}$$

Im Fall des isotropen Körpers nimmt (2.43a) die Gestalt an

$$\boldsymbol{\sigma} = \frac{\varrho'}{\varrho} \mathbf{J} \cdot \{\alpha \mathbf{1} + (\lambda J_1 \mathbf{1} + 2\mu \boldsymbol{\eta}) + (l J_1{}^2 - 2m J_2)\, \mathbf{1}$$
$$+ 2m J_1 \boldsymbol{\eta} + n J_3 \boldsymbol{\eta}^{-1}\} \cdot \tilde{\mathbf{J}}\,. \tag{2.43b}$$

Zu J_1, J_2, J_3 s. (2.35). Die Beziehung enthält in dieser Näherung also 6 Konstanten $\alpha, \lambda, \mu, l, m, n$. Davon hat $\alpha = \sigma\,(\eta = 0)$ die Bedeutung einer Anfangsspannung[1]), die übrigen Zahlen wurden bereits in Abschn. 2.3.3 eingeführt.

Werden in den Verzerrungen oder Deformationen quadratische Anteile vernachlässigt, so erhält man aus (2.43), (2.40) und (2.27) das HOOKEsche Gesetz (R. HOOKE 1678). In dieser Näherung gilt $\varrho = \varrho'$, $\eta_{ij} = \varepsilon_{ij} = e_{ij}$, und es sind auch CAUCHYscher und PIOLA-KIRCHHOFFscher Spannungstensor gleich. Damit wird

$$\boldsymbol{\sigma} = \mathbf{C} : \mathbf{e} = \mathbf{C} : \boldsymbol{\varepsilon}$$

bzw.

$$\sigma_{ij} = \sum_{k,l} C_{ijkl} e_{kl} = \sum_{k,l} C_{ijkl} \varepsilon_{kl}\,.^{2)} \tag{2.44}$$

---

[1]) In Abschn. 2.3.3 war durchweg $\alpha = 0$ gesetzt worden.

[2]) Die Umkehrung von (2.44) lautet $\varepsilon_{ij} = \sum_{k,l} S_{ijkl} \sigma_{kl}$. Die S_{ijkl} heißen elastische Koeffizienten, in VOIGTscher Schreibweise s_{ij}. Koeffizienten und Moduln sind über $\sum_{i=1}^{6} s_{ij} c_{jk} = \delta_{ik}$ bzw. $\mathbf{s} \cdot \mathbf{c} = \mathbf{1}$ verknüpft (vgl. auch NYE).

Als Folge der Symmetriebeziehungen zwischen den C_{ijkl} (vgl. 2.7) vereinfacht sich (2.44) für hochsymmetrische Kristalle erheblich. Wir geben die Form für kubische Symmetrie (vgl. (2.32)) an:

$$\begin{aligned}
\sigma_{11} &= c_{11}\varepsilon_{11} + c_{12}\varepsilon_{22} + c_{12}\varepsilon_{33} \\
\sigma_{22} &= c_{12}\varepsilon_{11} + c_{11}\varepsilon_{22} + c_{12}\varepsilon_{33} \\
\sigma_{33} &= c_{12}\varepsilon_{11} + c_{12}\varepsilon_{22} + c_{11}\varepsilon_{33} \\
\sigma_{23} &= 2c_{44}\varepsilon_{23} \\
\sigma_{31} &= 2c_{44}\varepsilon_{31} \\
\sigma_{12} &= 2c_{44}\varepsilon_{12}\,.
\end{aligned} \tag{2.45}$$

Im isotropen Falle (2 elastische Moduln 2. Ordnung) wird gewöhnlich die Darstellung (2.33) mit den LAMÉschen Konstanten

$$\mu = c_{44} = \frac{1}{2}\,(c_{11} - c_{12}) \quad \text{und} \quad \lambda = c_{12} \tag{2.46}$$

anstelle von (2.45) bevorzugt. Darüber hinaus sind noch weitere elastische Konstanten in Gebrauch, die speziellen Spannungszuständen angepaßt sind. Wir geben einige an.

Einfacher Zug: Ein langer Zylinder (parallel zur x_1-Richtung werde über seine Endflächen gleichmäßig belastet. Durch $\sigma_{11}/\varepsilon_{11} \equiv E$ wird der YOUNGsche Modul des Zylinders definiert. Mit $\sigma_{11} = E\varepsilon_{11}$, $\sigma_{22} = 0$, $\sigma_{33} = 0$ erhält man aus (2.45) bzw. (2.46) Beziehungen zwischen E und den elastischen Moduln im kubischen bzw. isotropen Falle (vgl. Tab. 2.2).

Der erwähnte Zylinder erfährt eine Querkontraktion, die durch das POISSONsche Verhältnis $\nu \equiv -\varepsilon_{22}/\varepsilon_{11}$ gemessen wird. Auch dies ist eine häufig verwendete Materialkenngröße (vgl. Tab. 2.2).

Hydrostatischer Druck: Ein hydrostatischer Druck wird durch $\sigma_{11} = \sigma_{22} = \sigma_{33} = -\delta p$ und $\sigma_{ij} = 0$ $(i \neq j)$

Tabelle 2.2

Elastizitätskonstanten für kubischen und isotropen Fall

Modul	Kubischer Kristall	Isotroper Körper
$K = \frac{1}{\chi}$	$\frac{1}{3}(c_{11} + 2c_{12})$	$\frac{1}{3}(3\lambda + 2\mu)$
E	$\frac{(c_{11} + 2c_{12})(c_{11} - c_{12})}{c_{11} + c_{12}}$	$\frac{\mu(3\lambda + 2\mu)}{\lambda + \mu}$
ν	$\frac{c_{12}}{c_{11} + c_{12}}$	$\frac{\lambda}{2(\lambda + \mu)}$
G_1	c_{11}	μ
G_2	$\frac{1}{2}(c_{11} - c_{12})$	μ

beschrieben. In diesem Falle bildet der Kompressionsmodul $K \equiv V\delta p/\delta V$ ein einfaches Maß des Materialverhaltens (vgl. Tab. 2.2) (V Volumen), denn (2.46) in (2.45) eingesetzt, führt zu $\varepsilon_{11} = \varepsilon_{22} = \varepsilon_{33} = \frac{1}{3} \sum_i \varepsilon_{ii}$ und $\varepsilon_{ij} = 0$ $(i \neq j)$, und schließlich war nach (2.14) $\sum_i \varepsilon_{ii} = (V' - V)/V \equiv \delta V/V$. Gelegentlich findet man auch sein Reziprokes $K^{-1} \equiv \chi$, die Kompressibilität, tabelliert.

Scherung: Die Scherung eines Parallelepipeds (parallel zur x_1-Achse) in Richtung der x_2-Achse werde durch eine Schubspannung σ_{23} erzeugt (Abb. 2.6). In diesem Falle wird der Schubmodul $G \equiv \sigma_{23}/\gamma$ über den Scherwinkel $\gamma = 2\varepsilon_{23}$ als eine weitere Materialkenngröße eingeführt.

Die Umrechnung der aufgeführten Elastizitätskonstanten ineinander wird durch Tab. 2.3 erleichtert.

Das Hookesche Gesetz (2.44) bzw. (2.43b) nimmt mit den oben eingeführten Elastizitätskonstanten in isotroper Näherung die Form

$$\boldsymbol{\sigma} = 2G\left(\boldsymbol{\varepsilon} + \frac{\nu}{1 - 2\nu} \mathbf{1}\, \mathrm{Sp}\, \boldsymbol{\varepsilon}\right) \tag{2.46a}$$

an.

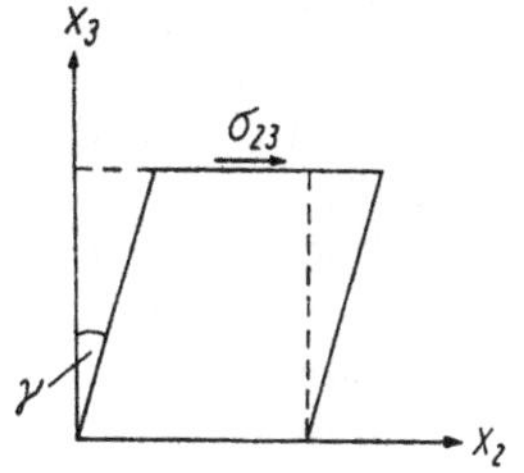

Abb. 2.6. Zur Erklärung des Schubmoduls $G = \sigma_{23}/\gamma$

Tabelle 2.3

Beziehungen zwischen den Elastizitätskonstanten homogener isotroper Körper

Konstante	E, ν	E, G	λ, μ	K, G	μ, ν
E	E	E	$\frac{(3\lambda + 2\mu)\,\mu}{\lambda + \mu}$	$\frac{9KG}{3K + G}$	$2(1 + \nu)\,\mu$
ν	ν	$\frac{1}{2}\frac{E}{G} - 1$	$\frac{\lambda}{2(\lambda + \mu)}$	$\frac{3K - 2G}{6K + 2G}$	ν
K	$\frac{E}{3(1 - 2\nu)}$	$\frac{EG}{3(3G - E)}$	$\lambda + \frac{2}{3}\mu$	K	$\frac{2\mu(1 + \nu)}{3(1 - 2\nu)}$
G	$\frac{E}{2(1 + \nu)}$	G	μ	G	μ
λ	$\frac{\nu E}{(1 + \nu)(1 - 2\nu)}$	$\frac{G(E - 2G)}{3G - E}$	λ	$K - \frac{2}{3}G$	$\frac{2\mu\nu}{1 - 2\nu}$

2.6. *Messung elastischer Moduln*

Ihrer Bedeutung für die quantitative Beurteilung des Materialverhaltens angemessen, sind vielfältige Meßverfahren zur Bestimmung der Koeffizienten von Gl. (2.27) entwickelt worden. Ohne auf methodische Einzelheiten einzugehen[1]), sollen im weiteren einige Grundprinzipien erläutert und Ergebnisse angeführt werden.

[1]) Vgl. ausführliche Darstellung bei ARMSTRONG.

Der Aufwand — das lehrt bereits die Untersuchung in Kap. 2.3 — steigt mit abnehmender Kristallsymmetrie und zunehmender Ordnung der Moduln. Aus der Definition (2.27) und aus der Darstellung (2.31) ist zu erkennen, daß die Zahl der unabhängigen Moduln im Falle niedrigster (trikliner) Symmetrie gleich der Zahl der Koeffizienten $c_{ijk\ldots}$ mit $i \leqq j \leqq k = \cdots$ und $i, j, k, \ldots = 1 \cdots 6$, also gleich der Zahl der Kombinationen mit Wiederholung $\binom{n+r-1}{r}$ ist. Für elastische Moduln zweiter Ordnung gilt $r = 2$, für die dritter $r = 3$ usw., so daß wegen $n = 6$ 21 unabhängige c_{ij}, $56 c_{ijk}$, $126 c_{ijkl}$ usw. im Falle niedrigster Symmetrie zu messen sind. Die Messungen müssen an Einkristallen und für jeden unabhängigen Koeffizienten in einem anderen Belastungszustand erfolgen. Wie sich die Zahl der unabhängigen Moduln höhersymmetrischer Kristalle reduziert, werden wir in Kap. 2.7 sehen. Bisher liegen praktisch nur Ergebnisse für Moduln zweiter und dritter Ordnung vor (vgl. Tab. 2.3A).

2.6.1. Ultraschallausbreitung

In der Mechanik der Kontinua[1]) wird die Bewegungsgleichung bei Abwesenheit von Volumenkräften in der Form

$$\varrho \ddot{\boldsymbol{r}}' = \frac{\partial}{\partial \boldsymbol{r}} \cdot \boldsymbol{\sigma}^P \tag{2.47}$$

geschrieben. Eine elastische Welle ruft im Festkörper die zeitlich veränderliche Verrückung $\boldsymbol{u} = \boldsymbol{r}' - \boldsymbol{r}_R$ hervor, die die Ortsveränderung eines Punktes, bezogen auf einen Referenzzustand $\boldsymbol{r}_R(\boldsymbol{r})$ (der i. allg. homogen verformt ist), angibt. Eine in $\boldsymbol{u}$ lineare Bewegungsgleichung erhält man durch Entwickeln des 1. PIOLA-KIRCHHOFF-Spannungstensors um $\boldsymbol{r}_R$ und Vernachlässigen von höhe-

---

[1]) Vgl. z. B. THURSTON, BRUGGER.

Tabelle 2.3 A

Adiabatische elastische Moduln bei Raumtemperatur (in 10^{11} Nm^{-2})

Kubisches Kristallsystem	c_{11}	c_{12}	c_{44}	c_{111}	c_{112}	c_{123}	c_{144}	c_{166}	c_{456}
Ag	1,24	0,934	0,461	−9,59	−4,76	0,99	1,20	−6,73	
Al	1,068	0,607	0,282	−12,2	−3,7	0,3	−0,64	−3,7	−0,27
Au	1,93	1,64	0,415	−17,3	−9,2	−2,3	−0,13	−6,5	−0,12
C (Dia.)	10,76	1,25	5,76						
Cr	3,50	0,678	1,008						
Cu (4,2 K)				−20	−12	−5	−1,3	−7,1	0,25
(R. T.)	1,68	1,21	0,754	−15	−8	−2	−1,4	−6,5	−0,1
Fe	2,33	1,35	1,18	−28,3	−8	−6			
Ge	1,284	0,482	0,666	−7,2	−4,0	−0,2	−0,53	−3,15	−0,5
Ir	6	2,6	2,7						
K	0,037	0,0314	0,0188						
Li	0,135	0,114	0,088						
Mo	4,41	1,72	1,22						
Na	0,073	0,063	0,042						
Nb	2,46	1,34	0,287	−25,3	−11,6	−4	−3,2	−1,7	1,3
Ni	2,51	1,50	1,24	−21	−13,5	0,6	−1,8	−7,6	−0,4
Pb	0,495	0,423	0,149						
Pd	2,27	1,76	0,72						
Si	1,657	0,639	0,796	−8,3	−4,51	−0,6	0,1	−3,1	−0,6
Ta	2,61	1,57	0,818						
Th	0,753	0,489	0,478						
V	2,28	1,19	0,426						

Tabelle 2.3 A (Fortsetzung)

Kubisches Kristallsystem	c_{11}	c_{12}	c_{44}	c_{111}	c_{112}	c_{123}	c_{144}	c_{166}	c_{456}
W	5,23	2,05	1,61						
α-Cu-Al									
(3,1 At-% Al)	1,68	1,22	0,76	−13,6	−7,9	−0,8	−0,4	−7,1	−0,3
(7,4 At-% Al)	1,65	1,21	0,77	−13,3	−7,9	−0,8	−0,2	−7,0	−0,4
(10,8 At-% Al)	1,62	1,20	0,78	−13,2	−7,8	−1,0	−0,7	−6,7	−0,4
β-Cu-Zn									
(51,1 Gew-% Cu)	1,279	1,091	0,822						
(54,4 Gew-% Cu)	1,190	1,023	0,744						
Fe-Si									
(2,5 Gew-% Si)	2,198	1,346	1,222						
(3,1 Gew-% Si)	2,186	1,360	1,215						
InSb	0,670	0,365	0,302	−3,1	−2,1	−0,5	−0,1	−1,2	0,00
GaAs	1,188	0,538	0,594						
AlSb	0,894	0,442	0,415						
InAs	0,833	0,453	0,396						
ZnS	0,976	0,590	0,451						
PbTe	1,072	0,077	0,130						
GaSb	0,897	0,412	0,448						
Mg_2Ge	1,18	0,23	0,47						
Mg_2Si	1,21	0,22	0,464						
$SrTiO_3$*)	3,16	1,03	1,215	−49	−4	−3	−3	−4	−3
$RbMnF_3$	1,17	0,421	0,319	−18,4	−2,4	−0,4	−0,6	−1,8	−0,5
YIG	2,69	1,077	0,764	−23,3	−7,2	0	−1,5	−3,1	−1,0

*) Für c_{ijk} wurde die Gültigkeit von (2.67) vorausgesetzt.

Tabelle 2.3 A (Fortsetzung)

Kubisches Kristallsystem	c_{11}	c_{12}	c_{44}	c_{111}	c_{112}	c_{123}	c_{144}	c_{166}	c_{456}
MgO	2,971	0,954	1,561	−49	−1,0	0	1,1	−6,6	1,5
SiO_2 (Quarz, geschm.)*)	0,784	0,31	0,31	5,26	0,72	0,54	0,93	0,7	−0,1
$SiC_{0,91}$	5,15	1,06	1,79						
$ZrC_{0,91}$	4,72	0,987	1,59						
$UC_{0,931}$	3,15	0,788	0,652						
KCl	0,409	0,0704	0,0627	−7,3	−0,24	0,11	0,23	−0,26	0,16
NaCl	0,494	0,127	0,128	−8,4	−0,50	0,46	0,29	−0,60	0,26
LiF	1,140	0,477	0,636	−14,2	−2,6	1,6	0,9	−2,7	0,94
NaF	0,96	0,24	0,28	−14,8	−2,7	2,8	0,46	−1,14	0,00
KBr	0,350	0,056	0,054						
BaF_2	0,895	0,385	0,250	−5,8	−3,0	−2,1	−1,2	−0,89	−0,27
CaF_2	1,64	0,440	0,337	−12,5	−4,0	−2,5	−1,2	−2,1	−0,48
SrF_2	1,25	0,446	0,319	−8,2	−3,1	−1,8	−1,0	−1,8	−0,42
Cu_3Au	1,907	1,383	0,663						

*) isotrop; $c_{111} = c_{123} + 6c_{144} + 8c_{456}$, $c_{112} = c_{123} + 2c_{144}$, $c_{166} = c_{144} + 2c_{456}$

Tab. 2.3 A (Fortsetzung)

Hexagonales Kristallsystem	Mg	Zn	Trigonales Kristallsystem	Al_2O_3	$LiNbO_3$	Tetragonales Kristallsystem	Sn
c_{11}	0,592	0,161	c_{11}	4,97	2,0	c_{11}	0,735
c_{33}	0,615	0,610	c_{33}	4,98	2,43	c_{33}	0,87
c_{44}	0,163	0,383	c_{44}	1,47	0,60	c_{44}	0,22
c_{12}	0,257	0,342	c_{12}	1,64	0,54	c_{66}	0,227
c_{13}	0,208	0,501	c_{13}	1,11	0,6	c_{12}	0,234
c_{111}	−6,6	−17	c_{14}	−0,24	0,08	c_{13}	0,28
c_{112}	−1,8	−4	c_{111}	−38,7	−5	c_{111}	−4,1
c_{222}	−8,6	−24	c_{112}	−10,9	4,5	c_{112}	−5,8
c_{133}	−0,86	−3,5	c_{113}	−9,6	7	c_{113}	−4,7
c_{155}	−0,58	2,5	c_{114}	0,55	−4,1	c_{123}	1,3
c_{123}	−0,8	−2,1	c_{123}	−2,9	7	c_{166}	−1,9
c_{113}	0,3	−2,7	c_{124}	−0,4	0,5	c_{366}	−0,8
c_{144}	−0,30	−0,1	c_{133}	−9,2	0	c_{144}	−1,6
c_{333}	−7,26	−7,2	c_{134}	−1,3	0	c_{155}	−1,8
c_{344}	−1,93	−4,4	c_{144}	−3,0	−0,4	c_{344}	−2,1
			c_{155}	−11,6	−6,0	c_{456}	−0,5
			c_{222}	−45	−4	c_{133}	−1,86
			c_{333}	−33	−4	c_{333}	−14,3
			c_{344}	−10,9	−5,4		
			c_{444}	−0,19	−0,4		

ren als ersten Potenzen in $\partial \boldsymbol{u}/\partial \boldsymbol{r}$. Dabei ergibt sich nach THURSTON, BRUGGER bzw. THURSTON

$$\varrho \ddot{\boldsymbol{u}} = \mathbf{D} \vdots \left(\frac{\partial}{\partial \boldsymbol{r}} \frac{\partial}{\partial \boldsymbol{r}} \boldsymbol{u} \right) \tag{2.48}$$

mit einem Tensor 4. Stufe $\mathbf{D} = \{D_{ijkl}\} = \{\delta_{ij}\bar{\sigma}_{kl} + (\partial \bar{x}_i'/\partial x_m) \cdot (\partial \bar{x}_j'/\partial x_n) \cdot C_{kmln}\}$, der die Eigenschaften des Materials $\mathbf{C} = \{C_{kmln}\} = \left(\frac{\partial \bar{\boldsymbol{\sigma}}}{\partial \boldsymbol{\eta}}\right)_S$ und die Spannung $\bar{\boldsymbol{\sigma}}$ explizit enthält. Er bezieht sich auf die Koordinaten $\bar{x}_i'$ des Ausgangszustandes, der homogen vorverformt ist ($u_i = x_i' - \bar{x}_i'$). Mit dem Ansatz einer ebenen Welle $\boldsymbol{u} = \boldsymbol{u}_0 \exp\,[i\omega(t - \boldsymbol{N} \cdot \boldsymbol{r}/W)]$ nimmt (2.48) die Gestalt

$$\varrho W^2 \boldsymbol{u}_0 = (\boldsymbol{N} \cdot \mathbf{D} \cdot \boldsymbol{N}) \cdot \boldsymbol{u}_0 \tag{2.49}$$

an, aus der für gegebene natürliche[1]) Ausbreitungsrichtung durch Messung der natürlichen Ausbreitungsgeschwindigkeit die elastischen Moduln bei Variation der äußeren Spannng ermittelt werden können.[2])

In der Mehrzahl der Messungen wird die Laufzeit von Ultraschallimpulsen im 10 MHz-Bereich als Funktion eines überlagerten hydrostatischen Drucks bis zu $\approx 10^9$ Nm^{-2} und einer einachsigen Zug- oder Druckspannung von bis zu $\approx 2 \cdot 10^8$ Nm^{-2} bestimmt (vgl. MC SKIMIN, ANDREATCH). Der Kristall kann auch durch Ultraschalleinwirkung in Resonanzschwingungen versetzt werden. Sind Schwingungszustand, Frequenz und Probenabmessungen bekannt, läßt sich die Schallgeschwindigkeit berechnen.

Abb. 2.7 und 2.8 geben Beispiele für Moduln dritter Ordnung an. Eine prinzipielle Schwierigkeit besteht darin,

---

[1]) Die „natürlichen" Größen beziehen sich auf die Begrenzungsflächen der Probe vor der homogenen Deformation, an denen die Reflexion des Ultraschallimpulses auftritt.

[2]) Für die Angabe der Beziehungen in speziellen Fällen vgl. SEEGER, BUCK; BRUGGER (1965).

daß die erforderlichen hohen homogenen Spannungen Versetzungsvervielfachung (vgl. 3.2.6) auslösen können, die das Meßergebnis verfälscht.

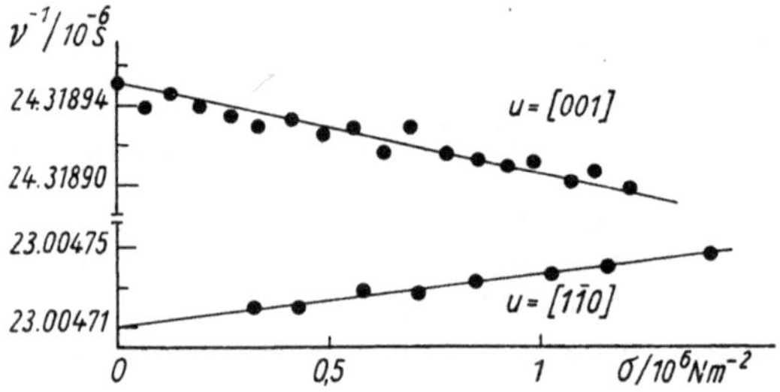

Abb. 2.7. Reziproke Resonanzfrequenz ν^{-1} als Funktion einachsiger Spannung σ (Kompression) in [110]-Richtung für Schallausbreitung in Richtung [110] mit dem Polarisationsvektor $\boldsymbol{u}$ in SrF_2 bei R. T. (nach ALTEROVITZ, GERLICH)

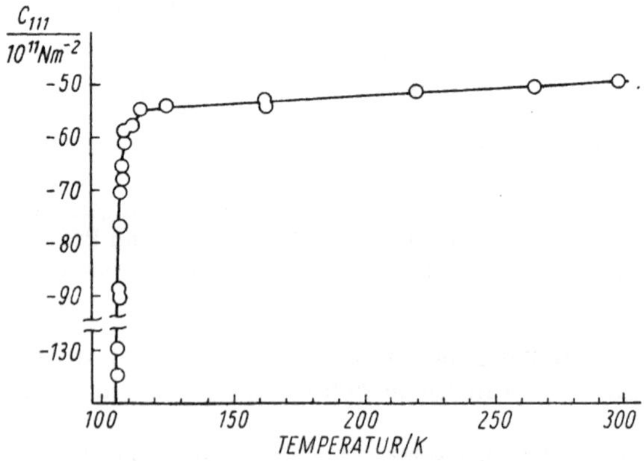

Abb. 2.8. Temperaturabhängigkeit des Moduls C_{111} von $SrTiO_3$. Bei $T = 102{,}5$ K erfährt der Kristall eine Phasenumwandlung (nach MEEKS, ARNOLD).

Die Bestimmung der elastischen Moduln 2. Ordnung ist dagegen einfacher. Anstelle (2.47) und (2.48) wird in infinitesimaler Näherung die CAUCHYsche Gleichung

$$\varrho \ddot{\boldsymbol{u}} = \frac{\partial}{\partial \boldsymbol{r}} \cdot \boldsymbol{\sigma} = \mathbf{C} \vdots \left(\frac{\partial}{\partial \boldsymbol{r}} \frac{\partial}{\partial \boldsymbol{r}} \boldsymbol{u} \right) \tag{2.50}$$

zum Ausgangspunkt gewählt. Die Unterscheidung der Koordinaten im deformierten und undeformierten Zustand entfällt. Der Ansatz ebener Wellen $\boldsymbol{u} = \boldsymbol{u}_0 \exp [i\omega \cdot (t - \boldsymbol{n} \cdot \boldsymbol{r}/v)]$ führt auf die CHRISTOFFELsche Gleichung zwischen Ausbreitungsgeschwindigkeit v und elastischen Moduln bei vorgegebener Ausbreitungsrichtung $\boldsymbol{n}$

$$\varrho v^2 \boldsymbol{u}_0 = (\boldsymbol{n} \cdot \mathbf{C} \cdot \boldsymbol{n}) \cdot \boldsymbol{u}_0, \tag{2.51}$$

wenn keine homogenen Spannungen überlagert sind.[1]) In Tab. 2.3A sind einige nach dem Ultraschallverfahren gewonnene Meßergebnisse zusammengestellt.

2.6.2. *Andere Verfahren*

Aus statischen Spannungs-Dehnungs-Beziehungen vom Typ der Abb. 2.1 lassen sich Kombinationen der elastischen Moduln zweiter und dritter Ordnung gewinnen.[2]) Die Schwierigkeiten, plastische Deformationsanteile zu unterdrücken, sind hier besonders groß. Die Meßgenauigkeit ist gewöhnlich geringer als die der Ultraschallverfahren, andererseits können höhere Verzerrungswerte erreicht werden.

---

1) Mit $\boldsymbol{k} = \omega \boldsymbol{n}/v$ erhält man aus (2.51) die übliche Gestalt der Dispersionsrelation $\varrho \omega^2 \boldsymbol{u}_0 = \mathbf{C} \vdots (\boldsymbol{k}\boldsymbol{k}\boldsymbol{u}_0)$.

2) Vgl. z. B. SEEGER, BUCK; RILEY, SKOVE. Für δ aus (2.1) gilt $\delta = -3/2 - [\mu^3 l/(3\lambda + 2\mu)(\lambda + \mu)^2] - [3\lambda + 2\mu]\, m/2(\lambda + \mu)^2 - 3\lambda^2 n/[4\mu(3\lambda + 2\mu) \times (\lambda + \mu)]$.

Im Falle kubischer Symmetrie bestehen zwischen den im Zug- bzw. Torsionsversuch direkt ermittelten Werten von E bzw. G und den elastischen Moduln 2. Ordnung die Beziehungen

$$\frac{1}{E} = \frac{c_{11} + c_{12}}{(c_{11} - c_{12})\,(c_{11} + 2c_{12})} - 2\left(\frac{1}{c_{11} - c_{12}} - \frac{1}{2c_{44}}\right) \times [\alpha_1^2\alpha_2^2 + \alpha_2^2\alpha_3^2 + \alpha_3^2\alpha_1^2], \qquad (2.51\mathrm{A})$$

$$\frac{1}{G} = \frac{1}{c_{44}} + 4\left(\frac{1}{c_{11} - c_{12}} - \frac{1}{2c_{44}}\right)[\alpha_1^2\alpha_2^2 + \alpha_2^2\alpha_3^2 + \alpha_3^2\alpha_1^2],$$

wobei die α_i die Richtungskosinusse der Stabachse des untersuchten Einkristalls mit den drei Koordinatenachsen der kubischen Elementarzelle bedeuten. Man muß also mindestens 2 verschieden orientierte Kristalle der Messung unterwerfen, um den vollständigen Satz c_{11}, c_{12}, c_{44} bestimmen zu können. Für die Relationen bei niedriger Symmetrie vgl. NYE.

Elastische Moduln 4. Ordnung sind nach GRAHAM dadurch der Messung zugänglich, daß Teilchen- und Stoßwellengeschwindigkeit in Abhängigkeit von der linearen Kompression in Stoßwellen bestimmt werden. Für Saphir bzw. geschmolzenen Quarz erhält er z. B. $c_{1111} = (50 \pm 15) \times 10^{12}\,\mathrm{Nm}^{-2}$ bzw. $(11 \pm 1) \cdot 10^{12}\,\mathrm{Nm}^{-2}$ bei 25 °C.

2.7. *Transformation elastischer Moduln*

2.7.1. *Koordinatentransformation*

Als Tensoren $2n$-ter Stufe (vgl. Kap. 2.3)[1]) transformieren sich die elastischen Moduln n-ter Ordnung bei einer linearen Koordinatentransformation nach den

[1]) Man beachte, daß die durch Zusammenfassung je zweiter Indizes gebildeten Moduln in VOIGTscher Schreibweise keinen Tensorcharakter besitzen. Bei allen Transformationen empfiehlt sich daher die ausführliche Schreibung nach dem Schema (2.28).

Regeln der Tensorrechnung (vgl. z. B. NYE; BHAGAVANTAM; SMIRNOW) wie die $2n$-fachen Produkte der Koordinaten, d. h.

$$C'_{ijkl} = \sum_{mnpq} a_{im} a_{jn} a_{kp} a_{lq} C_{mnpq},$$

$$C'_{ijklmn} = \sum_{pqrstu} a_{ip} a_{jq} a_{kr} a_{ls} a_{mt} a_{nu} C_{pqrstu} \tag{2.52}$$

usw. Die Koordinatentransformation habe dabei die Form

$$\boldsymbol{r}' = \mathbf{A}\boldsymbol{r}$$

mit

$$\{\mathbf{A}\}_{ik} = a_{ik} = \cos(\boldsymbol{e}_i', \boldsymbol{e}_k). \tag{2.53}$$

$C'_{ijkl\ldots}$ sind die Tensorkomponenten bezüglich des neuen Achsensystems $\boldsymbol{e}_i'$.

Aus

$$x_i' x_j' x_k' x_l' = \sum_{mnpq} a_{im} x_m a_{jn} x_n a_{kp} x_p a_{lq} x_q$$
$$= \sum_{mnpq} a_{im} a_{jn} a_{kp} a_{lq} (x_m x_n x_p x_q) \tag{2.54}$$

leitet sich eine bei derartigen Transformationen häufig verwendete kompakte Schreibweise ab. Da sich offenkundig die Komponente C_{ijkl} wie das Produkt $x_i x_j x_k x_l$ verhält, hat man nur die zugehörigen a_{ik} miteinander nach (2.54) zu multiplizieren und aufzusummieren. Wird die Reihenfolge der x_i im Produkt $x_m x_n x_p x_q$ nicht vertauscht, dann ist der Koeffizient dieses Produktes gleich dem Koeffizienten von C_{mnpq}.

Liegt im Kristall ein Symmetrieelement, z. B. eine vierzählige Drehinversionsachse $\bar{4}$ parallel zur x_3-Achse eines kartesischen Koordinatensystems vor, dann müssen die elastischen Moduln nach Anwendung der Symmetrieoperation mit denen vorher übereinstimmen. Die dadurch entstehenden Bedingungen reduzieren die Zahl unabhängiger Moduln. Im genannten Beispiel geht ein Punkt mit den Koordinaten x_1, x_2, x_3 nach einer Drehung um 90°

und Inversion in

$$x_1' = x_2$$
$$x_2' = -x_1 \qquad (2.55)$$
$$x_3' = -x_3$$

über: $a_{12} = 1$, $a_{21} = -1$, $a_{33} = -1$, sonst Null. Damit wird z. B. $x_1'x_1'x_1'x_1' = x_2x_2x_2x_2$ und $C'_{1111} = C_{2222}$, $C'_{1123} = C_{2213}$ sowie $C'_{2213} = -C_{1123}$, d. h. $C'_{1123} = C'_{2213} = 0$ usw. In VOIGTscher Schreibweise entspricht das den Relationen $c_{11} = c_{22}$, $c_{14} = c_{25} = 0$ usw.

Nach diesem Prinzip ergeben sich für die 11 LAUE-Gruppen[1]) (Tab. 2.4) (vgl. auch PAUFLER, LEUSCHNER) zahlreiche Bedingungen, die für die Moduln 2. und 3. Ordnung in Tab. 2.5 und Tab. 2.6 zusammengefaßt sind. Für entsprechende Relationen bei Moduln vierter bis sechster Ordnung vgl. CHUNG, LI.

Aus einer Drehung des Koordinatensystems leiten sich auch Bedingungen für zufällige Isotropie ab. In (2.45) sei z. B. nur $\varepsilon_{11} \neq 0$. Drehung um $\pi/4$ parallel zur x_3-Achse ergibt $\varepsilon'_{12} = -\varepsilon_{11}/2$ und $\sigma'_{12} = (c_{12} - c_{11})\,\varepsilon_{11}/2$ bzw. $\sigma'_{12} = 2c_{44}\varepsilon'_{12}$. Falls nach der Drehung das elastische Verhalten des Kristalls unverändert sein soll, muß $A = 1$ gelten, wo

$$A \equiv \frac{2c_{44}}{c_{11} - c_{12}} \qquad (2.56)$$

das sog. Anisotropieverhältnis kubischer Kristalle für elastische Moduln 2. Ordnung ist. Es beträgt z. B. für Kalium 6,3; für Eisen 2,4; für Aluminium 1,2 und für Wolfram 1,00 (also zufällig isotrop) bei Zimmertemperatur und kann sehr stark von der Temperatur abhängen.

---

[1]) Da die elastischen Eigenschaften zentrosymmetrisch sind, geben nicht alle 32 Punktgruppen unterschiedliche Bedingungen. Die Ausbreitung einer Schallwelle hängt zwar von der Ausbreitungsrichtung, aber nicht vom Ausbreitungssinn ab.

Tabelle 2.4
LAUE-Gruppen und Punktgruppen

LAUE-Gruppe	Punktgruppe	Kristallsystem
N	$1, \bar{1}$	triklin
M	$2, m, \frac{2}{m}$	monoklin
O	$222, mm2, \frac{2}{m}\frac{2}{m}\frac{2}{m}$	rhombisch
R II	$3, \bar{3}$	rhomboedrisch
R I	$32, 3m, \bar{3}\frac{2}{m}$	rhomboedrisch
H II	$6, \bar{6}, \frac{6}{m}$	hexagonal
H I	$622, 6mm, \bar{6}m2$ $\frac{6}{m}\frac{2}{m}\frac{2}{m}$	hexagonal
T II	$4, \bar{4}, \frac{4}{m}$	tetragonal
T I	$422, 4mm, \bar{4}2m$ $\frac{4}{m}\frac{2}{m}\frac{2}{m}$	tetragonal
C II	$23, \frac{2}{m}\bar{3}$	kubisch
C I	$432, \bar{4}3m, \frac{4}{m}\bar{3}\frac{2}{m}$	kubisch
I		isotrop

2.7.2. *Mittelung elastischer Materialkenngrößen. Polykristalle*

Die überwiegende Zahl kristalliner Festkörper liegt in polykristalliner Form vor. Ihr elastisches Verhalten stellt einen Mittelwert über alle auftretenden Orientierungen dar. Fehlen Vorzugsorientierungen, verhält sich der Polykristall wie ein isotroper Körper, für den die entsprechenden Beziehungen in den vorangegangenen Kapiteln angegeben worden sind. Wünscht man die elastischen Eigenschaften eines solchen Körpers aus den Einkristalldaten (z. B. in Tab. 2.3A) zu berechnen, macht

Tabelle 2.5

Unabhängige elastische Moduln 2. Ordnung für verschiedene Symmetrie (vgl. Tab. 2.4) (nach BRUGGER)[1])

N	M	O	R II	R I	H[2])	T II	T I	C[2])	I
11	11	11	11	11	11	11	11	11	11
12	12	12	12	12	12	12	12	12	12
13	13	13	13	13	13	13	13	12	12
14	0	0	14	14	0	0	0	0	0
15	15	0	15	0	0	0	0	0	0
16	0	0	0	0	0	16	0	0	0
22	22	22	11	11	11	11	11	11	11
23	23	23	13	13	13	13	13	12	12
24	0	0	−14	−14	0	0	0	0	0
25	25	0	−15	0	0	0	0	0	0
26	0	0	0	0	0	−16	0	0	0
33	33	33	33	33	33	33	33	11	11
34	0	0	0	0	0	0	0	0	0
35	35	0	0	0	0	0	0	0	0
36	0	0	0	0	0	0	0	0	0
44	44	44	44	44	44	44	44	44	44[3])
45	0	0	0	0	0	0	0	0	0
46	46	0	−15	0	0	0	0	0	0
55	55	55	44	44	44	44	44	44	44[3])
56	0	0	14	14	0	0	0	0	0
66	66	66	66[4])	66[4])	66[4])	66	66	44	44[3])

[1]) In der Tabelle sind nur die VOIGTschen Indizes angegeben. „0" bedeutet das Verschwinden des entsprechenden, bei trikliner Symmetrie (linke Spalte) nichtverschwindenden Moduls. „−15" heißt, der zugehörige Modul ist gleich dem negativen Wert von c_{15}.

[2]) Für Moduln 2. Ordnung sind die LAUE-Gruppen CI und CII bzw. HI und HII nicht verschieden.

[3]) $c_{44} = \frac{1}{2}(c_{11} - c_{12})$.

[4]) $c_{66} = \frac{1}{2}(c_{11} - c_{12})$.

sich eine Mittelung erforderlich, die dem Deformationszustand angepaßt sein muß.[5])

[5]) Ein ähnliches Problem liegt in Mehrphasensystemen vor (einschl. Verbundwerkstoffen). Dem makroskopisch quasihomogenen Festkörper sind effektive elastische Moduln bei Kenntnis mikroskopischer Daten zuzuordnen (vgl. z. B. BAHR, DIENER, SCHÖPF; DEDERICHS, ZELLER).

Tabelle 2.6
Unabhängige elastische Moduln 3. Ordnung für verschiedene Symmetrie (vgl. Tab. 2.4) (nach BRUGGER)[1])

N	*M*	*O*	*R* II	*R* I	*H* II	*H* I	*T* II	*T* I	*C* II	*C* I	*I*
111	111	111	111	111	111	111	111	111	111	111	111
112	112	112	112	112	112	112	112	112	112	112	112
113	113	113	113	113	113	113	113	113	113	112	112
114	0	0	114	114	0	0	0	0	0	0	0
115	115	0	115	0	0	0	0	0	0	0	0
116	0	0	116	0	116	0	116	0	0	0	0
122	122	122	122[2])	122[2])	122[2])	122[2])	112	112	113	112	112
123	123	123	123	123	123	123	123	123	123	123	123
124	0	0	124	124	0	0	0	0	0	0	0
125	125	0	125	0	0	0	0	0	0	0	0
126	0	0	−116	0	−116	0	0	0	0	0	0
133	133	133	133	133	133	133	133	133	112	112	112
134	0	0	134	134	0	0	0	0	0	0	0
135	135	0	135	0	0	0	0	0	0	0	0
136	0	0	0	0	0	0	136	0	0	0	0
144	144	144	144	144	144	144	144	144	144	144	144[3])
145	0	0	145	0	145	0	145	0	0	0	0

[1]) Vgl. Fußn. 1 S. 50. „−116" bedeutet, zugehöriger Modul (den man in der linken Spalte unter *N* abliest) ist gleich dem Modul $-c_{116}$ usw.

[2]) $c_{122} = c_{111} + c_{112} - c_{222}$.

[3]) $c_{144} = \frac{1}{2}(c_{112} - c_{123})$.

Tab. 2.6 (Fortsetzung)

N	*M*	*O*	*R* II	*R* I	*H* II	*H* I	*T* II	*T* I	*C* II	*C* I	*I*
146	146	0	146[1])	0	0	0	0	0	0	0	0
155	155	155	155	155	155	155	155	155	155	155	155[2])
156	0	0	156[3])	156[3])	0	0	0	0	0	0	0
166	166	166	166[4])	166[4])	166[4])	166[4])	166	166	166	155	155[2])
222	222	222	222	222	222	222	111	111	111	111	111
223	223	223	113	113	113	113	113	113	112	112	112
224	0	0	224[5])	224[5])	0	0	0	0	0	0	0
225	225	0	225[6])	0	0	0	0	0	0	0	0
226	0	0	116	0	116	0	−116	0	0	0	0
233	233	233	133	133	133	133	133	133	113	112	112
234	0	0	−134	−134	0	0	0	0	0	0	0
235	235	0	−135	0	0	0	0	0	0	0	0
236	0	0	0	0	0	0	−136	0	0	0	0
244	244	244	155	155	155	155	155	155	166	155	155[2])
245	0	0	−145	0	−145	0	−145	0	0	0	0
246	246	0	246[7])	0	0	0	0	0	0	0	0
255	255	255	144	144	144	144	144	144	144	144	144[8])
256	0	0	256[9])	256[9])	0	0	0	0	0	0	0
266	266	266	266[10])	266[10])	266[10])	266[10])	166	166	155	155	155[2])
333	333	333	333	333	333	333	333	333	111	111	111
334	0	0	0	0	0	0	0	0	0	0	0
335	335	0	0	0	0	0	0	0	0	0	0
336	0	0	0	0	0	0	0	0	0	0	0
344	344	344	344	344	344	344	344	344	155	155	155[2])

345	0	0	0	0	0	0	0	0	0	0	0
346	346	0	−135	0	0	0	0	0	0	0	0
355	355	355	344	344	344	344	344	344	166	155	155[2]
356	0	0	134	134	0	0	0	0	0	0	0
366	366	366	366[11]	366[11]	366[11]	366[11]	366	366	144	144	144[8]
444	0	0	444	444	0	0	0	0	0	0	0
445	445	0	445	0	0	0	0	0	0	0	0
446	0	0	145	0	145	0	446	0	0	0	0
455	0	0	−444	−444	0	0	0	0	0	0	0
456	456	456	456[12]	456[12]	456[12]	456[12]	456	456	456	456	456[13]
466	0	0	124	124	0	0	0	0	0	0	0
555	555	0	−445	0	0	0	0	0	0	0	0
556	0	0	−145	0	−145	0	−446	0	0	0	0
566	566	0	125	0	0	0	0	0	0	0	0
666	0	0	−116	0	−116	0	0	0	0	0	0

[1]) $c_{116} = \frac{1}{2}(-c_{115} - 3c_{125})$. [2]) $c_{155} = \frac{1}{4}(c_{111} - c_{112})$. [3]) $c_{136} = \frac{1}{2}(c_{111} + 3c_{121})$. [4]) $c_{166} = \frac{1}{4}(-2c_{111} - c_{112} + 3c_{222})$.

[5]) $c_{221} = -c_{111} - 2c_{121}$. [6]) $c_{225} = -c_{115} - 2c_{125}$. [7]) $c_{216} = \frac{1}{2}(-c_{115} + c_{125})$. [8]) $c_{111} = \frac{1}{2}(c_{112} - c_{123})$. [9]) $c_{256} = \frac{1}{2}(c_{111} - c_{121})$.

[10]) $c_{266} = \frac{1}{4}(2c_{111} - c_{112} - c_{222})$. [11]) $c_{366} = \frac{1}{2}(c_{113} - c_{123})$. [12]) $c_{456} = \frac{1}{2}(-c_{144} + c_{155})$ [13]) $c_{156} = \frac{1}{8}(c_{111} - 3c_{112} + 2c_{123})$.

Wir untersuchen hier nur 2 Grenzfälle, zwischen denen die praktisch auftretenden Situationen liegen können.

Abb. 2.9 gibt sie schematisch wieder. Im linken Teilbild liegen die Bereiche unterschiedlicher Orientierung parallel zur Wir-

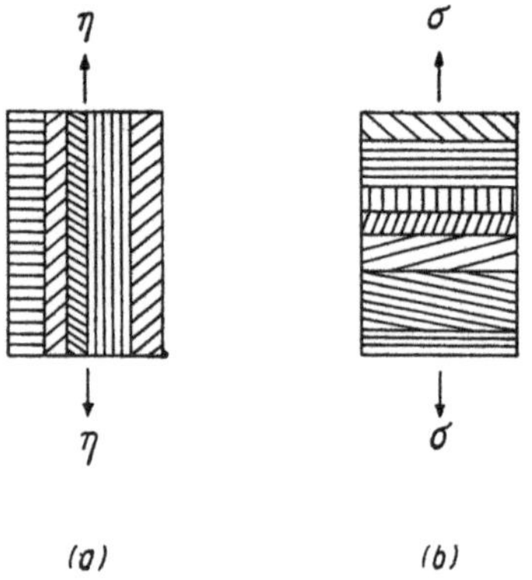

Abb. 2.9. Grenzfälle der VOIGTschen (a) und REUSSschen (b) Mittelwertbildung

kung einer Zugspannung an den Endflächen, im rechten Teilbild senkrecht dazu. Trotz unterschiedlicher Orientierung im linken Bild erfahren die säulenförmigen Bestandteile eine einheitliche Verzerrung η. Die entstehenden Spannungen werden wegen der Orientierungsabhängigkeit der $c_{ij\ldots}$ verschieden sein. Im rechten Bild ist die Orientierung der Endflächenbereiche über den gesamten Querschnitt einheitlich, eine vorgegebene Endflächenverschiebung hat demnach einheitliche Spannung σ zur Folge, die im Gleichgewichtszustand an die angrenzenden Bereiche mit gleichem Betrag weitergeleitet wird.

Liegt einheitliche Verzerrung vor, wird zweckmäßig nach (2.44) über die elastischen Moduln c_{ij} gemittelt.[1]) Ist dagegen mit gleicher Spannung in allen Volumenbereichen zu rechnen, wird man über die elastischen Koeffizienten s_{ij} mitteln (vgl. Fußn. 2, S. 34), von

[1]) Wir begnügen uns in diesem Abschnitt mit den Moduln 2. Ordnung.

denen wir bisher keinen Gebrauch gemacht haben. Man verschafft sich zu diesem Zwecke Invarianten der Matrizen c_{ij} bzw. s_{ij} gegenüber Orientierungsänderung und vergleicht diese mit entsprechenden Invarianten für den isotropen Körper. Als solche erweisen sich die Spur der Matrix und die Energiedichte des deformierten Körpers. Für die elastischen Moduln zweiter Ordnung[1]) ergeben sich daraus folgende Beziehungen (vgl. HIRTH, LOTHE) zwischen den mittleren elastischen Kenngrößen des isotropen Mediums (Polykristall) und den Einkristalldaten (sog. VOIGTsche Mittelwerte):

$$\begin{aligned} \mu_V &= \frac{1}{30}\Bigl(3\sum_{i,j} C_{ijij} - \sum_{i,j} C_{iijj}\Bigr), \\ \lambda_V &= \frac{1}{15}\Bigl(2\sum_{i,j} C_{iijj} - \sum_{i,j} C_{ijij}\Bigr). \end{aligned} \tag{2.57}$$

Mittelwertbildung über die elastischen Koeffizienten (sog. REUSSsche Mittelwerte) führt auf

$$\begin{aligned} \frac{1}{E_R} &= \frac{1}{15}\Bigl(2\sum_{i,j} S_{ijij} + \sum_{i,j} S_{iijj}\Bigr), \\ \frac{1}{\mu_R} &= \frac{1}{15}\Bigl(6\sum_{i,j} S_{ijij} - 2\sum_{i,j} S_{iijj}\Bigr). \end{aligned} \tag{2.58}$$

Zahlenbeispiele in Tab. 2.7 lassen erkennen, daß der Unterschied erheblich sein kann. Daher muß in jedem Einzelfall das Mittelungsverfahren sorgfältig ausgewählt werden; ggf. macht sich eine Kombination beider erforderlich.

Die Materialgrößen zur Kennzeichnung des Polykristalls sind natürlich auch direkt meßbar, etwa durch einen Zug- und einen Torsionsversuch. Tabelle 2.8 enthält einige Meßergebnisse.

---

[1]) Beziehung für die Moduln 3. Ordnung s. z. B. CHANG.

Tabelle 2.7

VOIGTsche und REUSSsche Mittelwerte des Schubmoduls kubischer Kristalle (vgl. (2.57) und (2.58)) in 10^{10} Nm^{-2} (nach HIRTH, LOTHE)

Kristall	μ_V	μ_R
Al	2,65	2,63
Cu	5,46	4,00
Fe	8,6	7,30
Ni	9,47	7,78
W	16,0	16,0
MgO	12,9	12,4
NaCl	1,48	1,43

Tabelle 2.8

Elastische Konstanten zweiter Ordnung für einige polykristalline Elemente bei 20 °C[1]) (nach SMITHELLS)

Material	$E/10^{10}$ Nm^{-2}	$G/10^{10}$ Nm^{-2}	$\chi^{-1}/10^{10}$ Nm^{-2}	ν
Ag	8,27	3,03	10,36	0,367
Al	7,06	2,62	7,52	0,345
Cr	27,90	11,53	16,02	0,210
Cu	12,98	4,83	13,78	0,343
Fe	21,14	8,16	16,98	0,293
Mg	4,47	1,73	3,56	0,291
Mo	32,48	12,56	26,12	0,293
Ni	19,95	7,60	17,73	0,312
Nb	10,49	3,75	17,03	0,397
Pb	1,61	0,559	4,58	0,44
Sn	4,99	1,84	5,82	0,357
Ta	18,57	6,92	19,63	0,342
Ti	12,02	4,56	10,84	0,361
V	12,76	4,67	15,80	0,365
W	41,10	16,06	31,10	0,280
Zn	10,45	4,19	6,94	0,249

[1]) Wegen der Bedeutung der Größen vgl. Kap. 2.5.

2.8. *Mikroskopische Deutung der elastischen Konstanten*

Unsere bisherigen Betrachtungen gingen vom Kontinuumsstandpunkt aus. Jetzt wollen wir der Kristallstruktur Rechnung tragen, d. h. den Festkörper als ein System diskret verteilter Kraftzentren ansehen, die wir uns mit den Koordinaten der Atomkerne verknüpft denken. Der Kristall befinde sich im Gleichgewicht und damit jeder seiner Bestandteile[1]) in einer Potentialmulde. Eine Ableitung dieser Potentiale kann hier nicht gegeben werden.

Unter der Wirkung eines Spannungsfeldes werden die einzelnen Atome i. allg. nach Betrag und Richtung unterschiedliche Verrückungen $\boldsymbol{u}^m$ aus ihren Gleichgewichtslagen $\boldsymbol{r}^m = \boldsymbol{R}^m$ erfahren.[2]) Die dadurch veränderte potentielle Energiedichte des Kristalls läßt sich als Funktion der $\boldsymbol{u}^m = \boldsymbol{r}'^m - \boldsymbol{R}^m$ in die Form

$$v(\ldots \boldsymbol{R}^m + \boldsymbol{u}^m \ldots) = v_0(\ldots \boldsymbol{R}^m \ldots) + \frac{1}{V} \times \left\{\sum_m \boldsymbol{\Phi}^m \cdot \boldsymbol{u}^m + \frac{1}{2!}\sum_{mn} \boldsymbol{\Phi}^{mn} : (\boldsymbol{u}^m \boldsymbol{u}^n) + \frac{1}{3!}\sum_{mnp} \boldsymbol{\Phi}^{mnp} \,\vdots\, (\boldsymbol{u}^m \boldsymbol{u}^n \boldsymbol{u}^p) + \cdots\right\} \qquad (2.59)$$

bringen. Die Koeffizienten der Reihenentwicklung $\boldsymbol{\Phi}^{m\cdots}$ sind in ν-ter Ordnung Tensoren ν-ter Stufe. Ihre Komponenten heißen Kopplungsparameter oder Kraftkonstanten aus folgendem Grunde. Die Bewegungsgleichung zu (2.59) ist wegen $\boldsymbol{\Phi}^m = 0$ (Impulssatz) $M\ddot{\boldsymbol{u}}^m = -\sum_n \boldsymbol{\Phi}^{mn} \cdot \boldsymbol{u}^n - \frac{1}{2}\sum_{np} \boldsymbol{\Phi}^{mnp} : (\boldsymbol{u}^n \boldsymbol{u}^p) - \cdots$, enthält demnach auf der rechten Seite eine Summe von Kraftvektoren. Die Komponente $-\Phi_{ij}^{mn} u_j^n$ ist dabei die Kraft, die das Atom $\boldsymbol{m}$ in Richtung $\boldsymbol{e}_i$ erfährt, wenn das Atom $\boldsymbol{n}$ in Richtung $\boldsymbol{e}_j$ um u_j^n verschoben wird.[3]) Analog ist $-\frac{1}{2} \cdot \Phi_{ijk}^{mnp} u_j^n u_k^p$ die Kraftwirkung auf $\boldsymbol{m}$ in Richtung $\boldsymbol{e}_i$,

---

[1]) Oft als Ionen oder Moleküle bezeichnet. Wir werden im folgenden vorwiegend den Terminus „Atome" dafür verwenden.

[2]) Wir beschränken uns auf Kristalle, deren Struktur mit ihrem BRAVAIS-Gitter identisch ist. Das Zahlentripel gibt die (primitive) Elementarzelle bezüglich eines willkürlich gewählten Koordinatenursprungs an. Im Unterschied zu PAUFLER/LEUSCHNER schreiben wir, dem Gebrauch auf diesem Gebiet folgend, $\boldsymbol{m}$ als oberen Index.

[3]) Die übrigen Atome seien festgehalten.

wenn $\boldsymbol{n}$ um $u_j^{\boldsymbol{n}}$ in Richtung $\boldsymbol{e}_j$ und $\boldsymbol{p}$ um $u_k^{\boldsymbol{p}}$ in Richtung $\boldsymbol{e}_k$ verschoben sind, usw. Eine Berechnung der zahlreichen Komponenten

$$\Phi_{ijk\ldots q}^{\boldsymbol{mnp}\ldots\boldsymbol{s}} = V \frac{\partial^\nu v}{\partial x'^{\boldsymbol{m}}_i \partial x'^{\boldsymbol{n}}_j \ldots \partial x'^{\boldsymbol{s}}_q} \tag{2.60}$$

aus der potentiellen Energie kommt gewöhnlich nicht in Betracht, da letztere nicht hinreichend genau bekannt ist. Vielmehr muß versucht werden, Symmetrieeigenschaften des Systems auszunutzen, um die Zahl der unabhängigen Komponenten zu reduzieren und die verbleibenden an experimentelle Daten — wie z. B. die elastischen Moduln — anzupassen.

Für die Untersuchung der Symmetriebeziehungen der Kopplungsparameter sei auf LEIBFRIED; LUDWIG; LEIBFRIED, LUDWIG verwiesen.

Die erwähnte Anpassung basiert auf dem Vergleich des mikroskopischen Ausdrucks für die elastische Energiedichte (2.59) mit dem phänomenologischen (2.27). Ersetzt man nämlich in (2.27) die Verzerrungen $\boldsymbol{\eta}$ nach (2.5) durch die Deformationen $\mathfrak{e}$, wobei hier mit (2.7) $\boldsymbol{r}'^{\boldsymbol{m}} = (1 + \mathfrak{e}) \cdot \boldsymbol{R}^{\boldsymbol{m}}$ gelten muß, und andererseits in (2.59) die Verrückungen $\boldsymbol{u}^{\boldsymbol{m}}$ über (2.6) durch $\boldsymbol{R}^{\boldsymbol{m}} \cdot \tilde{\mathfrak{e}}$, dann ist Koeffizientenvergleich direkt möglich.

Denn unter der Voraussetzung schwach veränderlicher Verrückungen sind $\boldsymbol{u}^{\boldsymbol{n}}$ und $\boldsymbol{u}^{\boldsymbol{m}}$ wenig verschieden, wenn $|\boldsymbol{n} - \boldsymbol{m}|$ innerhalb der Abklinglänge der Kopplungsparameter liegt. Dann kann $\boldsymbol{u}^{\boldsymbol{n}}$ als kontinuierlich veränderliche Feldgröße angesehen und um $\boldsymbol{R}^{\boldsymbol{m}}$ entwickelt werden:

$$\begin{aligned} \boldsymbol{u}^{\boldsymbol{n}} &= \boldsymbol{u}(\boldsymbol{R}^{\boldsymbol{n}}) = \boldsymbol{u}(\boldsymbol{R}^{\boldsymbol{m}} + \boldsymbol{R}^{\boldsymbol{n}} - \boldsymbol{R}^{\boldsymbol{m}}) \\ &= \boldsymbol{u}(\boldsymbol{R}^{\boldsymbol{m}}) + [\mathsf{A}(\boldsymbol{n} - \boldsymbol{m})] \cdot \frac{\partial}{\partial \boldsymbol{R}} \boldsymbol{u} \\ &\quad + \frac{1}{2} \{[\mathsf{A}(\boldsymbol{n} - \boldsymbol{m})]\,[\mathsf{A}(\boldsymbol{n} - \boldsymbol{m})]\} \cdot \left(\frac{\partial}{\partial \boldsymbol{R}} \frac{\partial}{\partial \boldsymbol{R}}\right) \boldsymbol{u} + \cdots \end{aligned} \tag{2.61}$$

mit $\boldsymbol{R}^n - \boldsymbol{R}^m = \mathbf{A}(\boldsymbol{n} - \boldsymbol{m})$ und $\mathbf{A}$ als Gittermatrix in kartesischen Koordinaten. Die Summen über alle Gitterpunkte $\boldsymbol{m}, \boldsymbol{n}, \ldots$ sind damit einfacher auszuwerten. In der Regel ist die Beschränkung auf nächste und übernächste Nachbarn schon eine brauchbare Näherung.

Mit den Abkürzungen $\boldsymbol{R}^n - \boldsymbol{R}^m \equiv \mathbf{A}\boldsymbol{h}$, V_{EZ} = Volumen der Elementarzelle und

$$\begin{aligned}\hat{C}_{ijkl} &\equiv -\frac{1}{2V_{\mathrm{EZ}}}\sum_{\boldsymbol{h}} \Phi^{o\boldsymbol{h}}_{ij}\,(\mathbf{A}\boldsymbol{h})_k\,(\mathbf{A}\boldsymbol{h})_l\,,\\ \hat{C}_{ijklmn} &\equiv -\frac{1}{2V_{\mathrm{EZ}}}\sum_{\boldsymbol{h}_1\boldsymbol{h}_2} \Phi^{o\boldsymbol{h}_1\boldsymbol{h}_2}_{ijk}(\mathbf{A}\boldsymbol{h}_1)_l\,(\mathbf{A}\boldsymbol{h}_2)_m\,(\mathbf{A}\boldsymbol{h}_2)_n\end{aligned} \tag{2.62}$$

führt der Koeffizientenvergleich auf die Beziehungen

$$\begin{aligned}C_{ijkl} &= \hat{C}_{ikjl} + \hat{C}_{jkil} - \hat{C}_{jikl}\,,\\ C_{ijklmn} &= \hat{C}_{imknli} + \hat{C}_{jmknil} - \hat{C}_{imjnkl} + \delta_{ij}C_{klmn}\\ &\quad - \delta_{ik}C_{ilmn} - \delta_{jk}C_{ilmn} - \frac{1}{2}\,\delta_{km}(2C_{ijln}\\ &\quad + C_{iljn} + C_{injl}) - \frac{1}{2}\,\delta_{im}(C_{klnj} - C_{knjl})\\ &\quad - \frac{1}{2}\,\delta_{jm}(C_{inkl} - C_{ilkn})\,.\end{aligned} \tag{2.63}$$

Die $\hat{C}_{ijkl}\ldots$ heißen BORN-HUANG-Tensoren. Für sie gelten die BORN-HUANG-Bedingungen $\hat{C}_{ijkl} = \hat{C}_{klij}$ usw.

Als Beispiel betrachten wir den W-Typ (kubisch-raumzentriertes Gitter). Im Falle kubischer Symmetrie reduziert sich (2.63) auf

$$C_{1111} \equiv c_{11} = \hat{C}_{1111} \qquad C_{111122} \equiv c_{112} = \hat{C}_{121211} - c_{12}$$

$$C_{1122} \equiv c_{12} = 2\hat{C}_{1212} - \hat{C}_{1122} \qquad C_{112233} \equiv c_{123} = 2\hat{C}_{132321} - \hat{C}_{131322} + c_{12}$$

$$C_{2323} \equiv c_{44} = \hat{C}_{2233} \qquad C_{112323} \equiv c_{144} = 2\hat{C}_{122331} - \hat{C}_{121332} - c_{12}$$

$$C_{111111} \equiv c_{111} = \hat{C}_{111111} - 3c_{11} \quad C_{111212} \equiv c_{166} = \hat{C}_{111221} - 2c_{44} - c_{12}$$

$$C_{233112} \equiv c_{456} = \hat{C}_{232131} - c_{44}. \tag{2.64}$$

Die Matrizen der Kopplungsparameter können Tab. 2.9 entnommen werden.

Werden bis zu zweitnächste Nachbarn in die Summation (2.62) einbezogen, erhält man mit Hilfe von Tab. 2.9 für die Moduln

Tabelle 2.9

Kopplungsparameter kubischer Kristalle[1])

$n - m = h$	Φoh	$n - m = h$	Φoh
$[hoo]$	$-\begin{pmatrix} \alpha_1 & 0 & 0 \\ o & \beta_1 & o \\ o & o & \beta_1 \end{pmatrix}$	$[hhh]$	$-\begin{pmatrix} \alpha_3 & \gamma_3 & \gamma_3 \\ \gamma_3 & \alpha_3 & \gamma_3 \\ \gamma_3 & \gamma_3 & \alpha_3 \end{pmatrix}$
$[hho]$	$-\begin{pmatrix} \alpha_2 & \beta_2 & o \\ \beta_2 & \alpha_2 & o \\ o & o & \gamma_2 \end{pmatrix}$	$[h11]$	$-\begin{pmatrix} \alpha_1 & \delta_1 & \delta_1 \\ \delta_1 & \beta_1 & \gamma_1 \\ \delta_1 & \gamma_1 & \beta_1 \end{pmatrix}$

$n_1 - m_1 = h_1$	$n_2 - m_2 = h_2$	$\underset{1jk}{\varphi o h_1 h_2}$	$\underset{2jk}{\varphi o h_1 h_2}$	$\underset{3jk}{\varphi o h_1 h_2}$
[000]	[000]	0	0	0
[000]	[111]	$\begin{pmatrix} \alpha_1' & \gamma_1' & \gamma_1' \\ \beta_1' & \beta_1' & \delta_1' \\ \beta_1' & \delta_1' & \beta_1' \end{pmatrix}$	$\begin{pmatrix} \beta_1' & \beta_1' & \delta_1' \\ \gamma_1' & \alpha_1' & \gamma_1' \\ \delta_1' & \beta_1' & \beta_1' \end{pmatrix}$	$\begin{pmatrix} \beta_1' & \delta_1' & \beta_1' \\ \delta_1' & \beta_1' & \beta_1' \\ \gamma_1' & \gamma_1' & \alpha_1' \end{pmatrix}$
[000]	[200]	$\begin{pmatrix} \alpha_2' & o & o \\ o & \beta_2' & o \\ o & o & \beta_2' \end{pmatrix}$	$\begin{pmatrix} o & \beta_2' & o \\ \gamma_2' & o & o \\ o & o & o \end{pmatrix}$	$\begin{pmatrix} o & o & \beta_2' \\ o & o & o \\ \gamma_2' & o & o \end{pmatrix}$
[111]	[200]	$\begin{pmatrix} o & \alpha_3' & \alpha_3' \\ \beta_3' & \gamma_3' & \delta_3' \\ \beta_3' & \delta_3' & \gamma_3' \end{pmatrix}$	$\begin{pmatrix} \alpha_3' & o & o \\ -\gamma_3' & \varepsilon_3' & \eta_3' \\ -\delta_3' & \zeta_3' & \eta_3' \end{pmatrix}$	$\begin{pmatrix} \alpha_3' & o & o \\ -\delta_3' & \eta_3' & \zeta_3' \\ -\gamma_3' & \eta_3' & \varepsilon_3' \end{pmatrix}$

[1]) Nachbarfolge: einfach-kubische Struktur und NaCl-Typ: ⟨100⟩, ⟨110⟩, ⟨111⟩, Cu-Typ: ⟨110⟩, ⟨200⟩, ⟨211⟩, ... W-Typ, CsCl-Typ: ⟨111⟩, ⟨200⟩, ⟨220⟩, ...

2. Ordnung des W-Typs (a Gitterkonstante)

$$c_{11} = (2\alpha_3 + 2\alpha_1)/a,$$
$$c_{12} = (4\gamma_3 - 2\alpha_3 - 2\beta_1)/a, \qquad (2.65)$$
$$c_{44} = (2\alpha_3 + 2\beta_1)/a.$$[1]

Im axialsymmetrischen Modell der Teilchenkopplung sind je zwei Teilchen durch eine Konstante α für Auslenkungen in Richtung der Verbindungslinie der Teilchen und eine Konstante β für Auslenkungen senkrecht dazu eingeführt. Dann gilt $\alpha_1 = \alpha, \beta_1 = \beta, \alpha_3 = (\alpha + 2\beta)/3, \gamma_3 = (\alpha - \beta)/3$.

Analog berechnen sich die Moduln 3. Ordnung.[2] Zum Beispiel wird $c_{111} = [(\alpha_1' + 2\alpha_2' + 2\varepsilon_3'] - 3c_{11}$ von Nichtzentralkraftanteilen ε_3' abhängig.

Wirken nur Zentralkräfte, d. h., ist $\boldsymbol{\Phi} = \boldsymbol{\Phi}\,(|\boldsymbol{R}^m - \boldsymbol{R}^n|)$, verschwinden im vorliegenden Beispiel die Koeffizienten von $\boldsymbol{\Phi}^{0[111][200]}$. Im spannungsfreien Zustand sind unter diesen Voraussetzungen die CAUCHYschen Relationen

$$c_{12} = c_{44}$$
$$c_{123} = c_{456} = c_{144} \qquad (2.67)$$
$$c_{112} = c_{166}$$

erfüllt.[3] Man erkennt dies an der Darstellung der Kopplungsparameter als Ableitungen des Potentials $\boldsymbol{\Phi}$ nach dem Ort.[4]

Das der Entwicklung (2.59) zugrunde liegende Zweikörperpotential $\Phi = Vv$ wird meist durch Anpassung an experimentell leicht zugängliche Meßgrößen (z. B. Gitterkonstante, Kompressibilität u. a.) analytisch fest-

---

[1]) Zum Beispiel ist $c_{44} = \hat{C}_{2333} = -(\Phi_{22}^{0[111]} + \Phi_{22}^{0[\bar1\bar1\bar1]} + \Phi_{22}^{0[\bar111]} + \Phi_{22}^{0[1\bar1\bar1]} - \Phi_{22}^{0[1\bar11]} - \Phi_{22}^{0[\bar11\bar1]} - \Phi_{22}^{0[1\bar11]} - \Phi_{22}^{0[\bar1\bar11]} + 4\Phi_{22}^{0[002]} + 4\Phi_{22}^{0[00\bar2]})\left(\frac{a^2/4}{2V_{EZ}}\right) = 2\,\frac{\alpha_3 + \beta_1}{a}$, da $V_{EZ} = a^3/2$ (primitive Zelle) und $\mathbf{A}\boldsymbol{h} = (1/2)\,\langle 111\rangle$ bzw. $(1/2)\,\langle 200\rangle$.

[2]) Vgl. z. B. COLDWELL-HORSFALL; R. A. MACDONALD.

[3]) Gültig für kubische Kristalle mit Inversionszentrum an jeder Atomlage.

[4]) Zum Beispiel hat α_1' die Form $\boldsymbol{\Phi}'''(R_1)/3\sqrt{3} + 2\,(\boldsymbol{\Phi}''(R_1) - \Phi'(R_1)/R_1)/R_1 \times \sqrt{3}$, wo R_1 der Abstand nächster Nachbarn und $\boldsymbol{\Phi}' \equiv (\partial/\partial R)\,\boldsymbol{\Phi}$ usw. ist.

gelegt. Eine anpassungsfreie Berechnung ist problematisch. Beobachtete Abweichungen von den CAUCHYschen Relationen (2.67) deuten auf Nichtzentralkräfte (vgl. z. B. Tab. 2.10).

Immerhin sind in jüngster Zeit beachtliche Fortschritte bei der Berechnung elastischer Moduln aus ersten Prinzipien — selbst von Metallen — erzielt worden (vgl. z. B. LEHMANN, PEGEL; BAUMANN), auf die wir hier nur hinweisen können.

Tabelle 2.10

Prüfung der CAUCHYschen Beziehung für das kubische System

$\frac{C_{12}}{C_{44}}$	$\frac{C_{112}}{C_{166}}$	$\frac{C_{123}}{C_{144}}$	$\frac{C_{144}}{C_{456}}$	Substanz
0,99	0,83	1,6	1,1	NaCl
2,15	1,0	−0,47	2,37	Al
4,67	6,82	1,25	−2,46	Nb

2.9. *Mikroskopische Ursachen der Kautschukelastizität*

Festkörper, die die in 2.1 erwähnte Gummielastizität zeigen, bestehen aus langen flexiblen Kettenmolekülen, die untereinander vernetzt sind. Gummi beispielsweise wird von C_5H_8-Molekülen gebildet, wobei die Kette selbst aus C-Atomen zusammengesetzt ist und die seitliche Vernetzung über H-Atome erfolgt (Abb. 2.10). In der Anfangsphase eines Zugversuches werden die biegsamen Ketten ausgerichtet. Erst wenn sie alle etwa parallel liegen, werden die Bindungskräfte zwischen den Atomen beansprucht. Daher findet man hohe Verformungsgrade im elastischen Bereich.

Im Zugversuch ändert sich die freie Energie um $\mathrm{d}F = -S\,\mathrm{d}T - p\,\mathrm{d}V + f\,\mathrm{d}l$ (S Entropie, T Temperatur, p Druck, V Volumen, f Zugkraft, $\mathrm{d}l$ Längenänderung in

Zugrichtung), d. h. die gemessene Kraft ist $f = (\partial F/\partial l)_{T,V}$. Nun hat man aber zumindest in der Anfangsphase der Deformation nach obigem Modell näherungsweise mit verformungsunabhängiger innerer Energie zu rechnen. Das

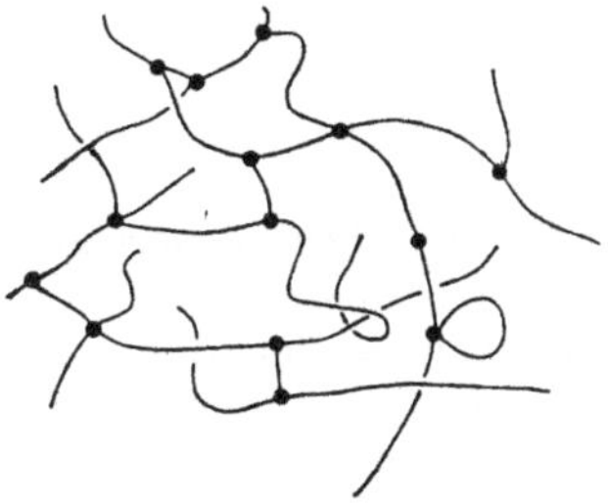

Abb. 2.10. Schematische Darstellung eines vernetzten Ensembles von Kettenmolekülen

bedeutet, die Reaktionskraft des Gummis beruht maßgeblich auf Entropieänderung des Systems $f \approx -T(\partial S/\partial l)_{T,V}$. Eine statistische Betrachtung führt zu dem Ergebnis (s. z. B. Aklonis, Mac Knight, Shen)

$$\sigma = n_0 RT \frac{\overline{r_0^2}}{\overline{r_f^2}} \left(\lambda - \frac{1}{\lambda^2}\right), \qquad (2.68)$$

wo $n_0 = N/V_0$ die Zahl N der Ketten im unverformten Volumen V_0, R Gaskonstante, T Temperatur, $\overline{r_0^2}$ mittlere quadratische Länge der Ketten im Netzwerk, $\overline{r_f^2}$ mittlere quadratische Länge der isolierten Ketten vor der Vernetzung, $\lambda = l/l_0 = 1 + \Delta l/l_0$; l, l_0 Probenlänge nach bzw. vor Verformung.[1]) Die Übereinstimmung mit dem Experiment ist für $\lambda < 1{,}5$ in vielen Fällen schon recht gut, darüber treffen die zugrunde liegenden Annahmen nicht

[1]) Für kleine Dehnungen ist $\lambda^{-2} = (1 + \varepsilon)^{-2} \approx 1 - 2\varepsilon$ und $\sigma/\varepsilon \approx 3n_0RT(\overline{r_0^2}/\overline{r_f^2}) = E_0$ der zeitunabhängige Elastizitätsmodul.

mehr zu. Die thermoelastische Inversion (vgl. Abb. 2.1B) stellt sich wegen $(\partial f/\partial T)_{p,l} = [f - (\partial H/\partial l)_{T,p}]/T$ als Vorzeichenwechsel in der Klammer bei Kräften $f = \partial H/\partial l$ dar. Bei genügend großen Längenänderungen kann $\partial H/\partial l$ neben f vernachlässigt werden.

3. Kristallbaufehler

Die nichtelastischen mechanischen Festkörpereigenschaften sind eng mit Störungen der Idealstruktur — den Kristallbaufehlern — verknüpft. Wir wollen daher zunächst einige zum Verständnis des folgenden wichtige Eigenschaften dieser Fehlordnung zusammenstellen.[1])

3.1. Punktfehler

In dieser Hinsicht besonders belangreich sind die par- und dielastischen Eigenschaften von Punktfehlern (vgl. Kröner) und der Umstand, daß die Bewegung derartiger Defekte gleichbedeutend mit Teilchentransport im festen Zustand ist.

3.1.1. Volumenänderung des Kristalls. Energie

Die mit Punktfehlern einhergehenden Verzerrungen äußern sich im Volumen der Elementarzelle V_{EZ}. Abb. 3.1 zeigt zu V_{EZ} beiden Seiten der stöchiometrischen Zusammensetzung einer intermetallischen Verbindung, wo jeweils Punktfehler vom Typ der Einfachersetzung dominieren.

Auf der Grundlage linearer Elastizitätstheorie wird der einzelne Defekt so behandelt, als wäre er in ein elasti-

---

[1]) Wir knüpfen dabei an Paufler/Leuschner an. Für weiterführende Studien sei auf Friedel; Hirth, Lothe; Nabarro; Quéré; Seeger 1955; Simmons et al.; Van Bueren verwiesen.

sches Kontinuum eingebettet. Dieses Konzept liefert eine nützliche erste Näherung des Verrückungs-, Verzerrungs- und Spannungszustandes (ESHELBY). Makro-

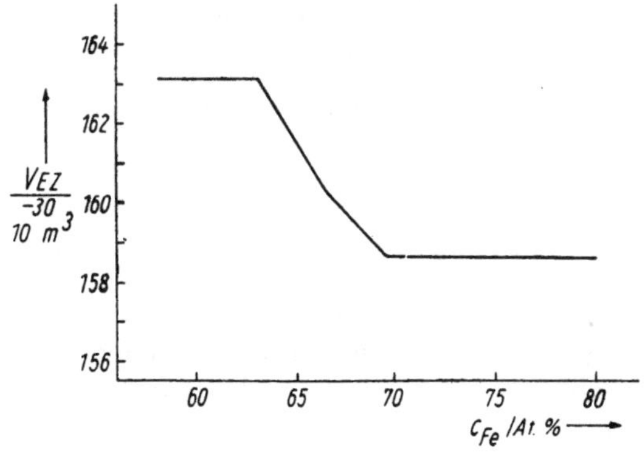

Abb. 3.1. Volumen der Elementarzelle $V_{EZ} = a^2c\sqrt{3}/2$ der intermetallischen Verbindung $NbFe_2$ ($MgZn_2$-Typ) in Abhängigkeit vom Eisengehalt c_{Fe} nach Wärmebehandlung bei 1350 bis 1400 °C. Die stöchiometrische Zusammensetzung liegt bei c_{Fe} = 66,67%. a und c Gitterkonstanten (nach LEITNER).

skopische Änderungen werden richtig beschrieben. Die Ergebnisse sind unabhängig vom Bindungstyp der untersuchten Kristalle. Für lokale Änderungen, die der Punktfehler auslöst (wie z. B. die Atomverschiebungen in Punktfehlernähe), gilt das nicht. Hier sind durch Einführung substanzspezifischer Wechselwirkungspotentiale oder auf der Basis des Pseudopotentialformalismus atomistische Betrachtungen angezeigt (vgl. z. B. GEHLEN BEELER, JAFFEE).

Für die Volumenänderung des Kristalls durch einen Punktfehler erhält man (vgl. z. B. QUÉRÉ)

$$\Delta V = 4\pi A \left(1 + \frac{4\mu}{3K}\right) = 12\pi A \, \frac{1-\nu}{1+\nu}. \qquad (3.1)$$

A heißt Stärke des Defektes.[1]) Sein Verrückungsfeld läßt sich für den Fall eines kugelförmigen Kristalls vom Radius r_K in die Form

$$\boldsymbol{u}(\boldsymbol{r}) = A \left(\frac{\boldsymbol{r}}{r^3} + \frac{4}{3} \frac{\mu \chi}{r_K{}^3} \boldsymbol{r} \right), \quad \boldsymbol{r} > 0 \tag{3.2}$$

bringen, die näherungsweise auch auf andersgestaltete Kristalle angewandt werden kann. Die elastischen Materialeigenschaften sind in μ, ν, K, χ enthalten (s. Tab. 2.2 und 2.3). Zur Berechnung von A bedient man sich häufig der sog. Einschlußnäherung. Den Punktfehler denkt man sich dazu erzeugt durch eine Kugel vom Volumen $V' = 4\pi a'^3/3$, die in einen Hohlraum vom Volumen $V = 4\pi a^3/3$ eingebracht und längs ihrer Oberfläche mit jenem verschweißt wird. Dabei stellt sich ein mittlerer Radius b entsprechend

$$\frac{a - b}{b - a'} = \frac{(1 + \nu)}{2(1 - 2\nu)} \frac{\chi}{\chi'} \tag{3.3}$$

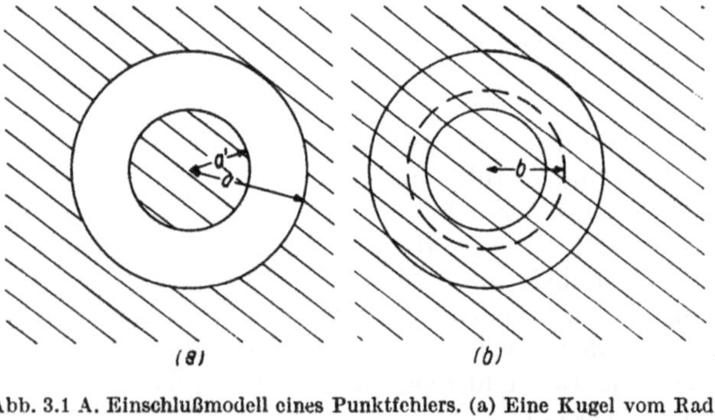

Abb. 3.1 A. Einschlußmodell eines Punktfehlers. (a) Eine Kugel vom Radius a' wird in einem Hohlraum mit Radius a untergebracht und längs der Oberfläche verschweißt. (b) Je nachdem, ob $a' > a$ oder $< a$, wird der Einschluß auf den Radius b komprimiert oder dehnt sich auf diesen aus.

[1]) (2.10a) ist nicht mehr überall erfüllt. Vielmehr ist ink $\boldsymbol{\epsilon} = \Delta V[\partial/\partial \boldsymbol{r}] \times 1 \times [\partial/\partial \boldsymbol{r}]\, \delta(\boldsymbol{r} - \boldsymbol{r}_0)$, wenn sich der Punktfehler bei $\boldsymbol{r}_0$ befindet.

ein (vgl. Abb. 3.1 A). In dieser Näherung ist

$$A = \frac{-(V - V')}{4\pi(1 + 4\mu/3K')}, \qquad (3.4)$$

wobei sich die gestrichenen Größen auf den Einschluß beziehen, dessen elastische Eigenschaften von denen der Matrix verschieden sein können.[1])

Die elastische Energie von Matrix und Einschluß beträgt

$$E_{\mathrm{el}} = \frac{(1 + \nu)/2(1 - 2\nu)}{[(1 + \nu)/2(1 - 2\nu)] + \chi'/\chi}\, 8\pi\mu b^3 \left(\frac{a' - a}{b}\right)^2. \qquad (3.5)$$

Eine Leerstelle wäre durch $a' = b$[2]) und $\chi' = 0$, ein Zwischengitteratom durch $a' \approx r_A$ (Atomradius), $a \approx 0$[3]), $\mu' = \mu$, $\chi' = \chi$ zu beschreiben. Im letzteren Fall ist $b = r_A(1 + \nu)/3(1 - \nu)$.

---

[1]) Aus (3.1) und (3.4) erhält man für die relative Volumenänderung des Kristalls mit der Defektkonzentration c den Wert $\Delta V/V = 9(1 - \nu)(a' - a)\, c/\{(1 + \nu) \times (1 + 4\mu/3K')\, a\} = 3\Delta a_0/a_0$, der über Messungen der Gitterkonstantenänderung Δa_0 experimentell bestimmt werden kann.

[2]) $a' < a$ für einwertige Metalle, $a' > a$ für Ionenkristalle. Die Volumenänderung infolge Bildung einer Leerstelle, das sog. Bildungsvolumen v_{BL}, beträgt $v_{BL} = \{1 + 9(b - a)(1 - \nu)/[a(1 + \nu)]\}\, v_{at}$, wo v_{at} das Volumen des ursprünglich vorhandenen Atoms ist. Die relative Gesamtvolumenänderung ist $(\Delta V/V)_L = (v_{BL}/v_{at})\, c_L$, wenn die Leerstellenkonzentration c_L beträgt. $\Delta V/V$ entspricht einer relativen Gitterkonstantenänderung von $\Delta a_0/a_0 = 3c_L(1 - \nu)(b - a)/[(1 + \nu)\, a]$.

[3]) Genauer wird für a der Radius der entsprechenden Lücke des Kugelmodells (vgl. PAUFLER, LEUSCHNER) verwendet. Das Bildungsvolumen (vgl. Fußn. 2 S. 67) ist $v_{BZ} = 2(1 - 2\nu)\, v_{at}/(1 + \nu)$, die relative Gesamtvolumenänderung $(\Delta V/V)_Z = 2(1 - 2\nu)\, c_Z/(1 + \nu)$ und die Gitterkonstantenänderung $\Delta a_0/a_0 = (1 - \nu)\, c_Z/(1 + \nu)$ mit v_{at} als Volumen des eingelagerten Atoms und c_Z als Konzentration der Zwischengitteratome.

3.1.2. Punktfehlerkonzentration im thermodynamischen Gleichgewicht

Punktfehler können im Gegensatz zu anderen Kristallbaufehlern im thermodynamischen Gleichgewicht in nennenswerter Konzentration vorliegen. Das liegt daran, daß die Zunahme der Enthalpie durch ein stärkeres Anwachsen der Entropie des Kristalls überkompensiert werden kann.

Die Änderung der freien Enthalpie ΔG des Systems infolge Defektbildung ist nämlich durch

$$\Delta G = Nc\Delta H_B - T(\Delta S_K + Nc\Delta S_B) \qquad (3.6)$$

gegeben, wenn ein Kristall mit N Atomen Nc Punktfehler der Bildungsenthalpie $\Delta H_B = \Delta E + p\Delta V \approx \Delta E$[1]) und der Bildungsentropie $\Delta S_B = k_B \sum_i \ln [\nu_{i0}/\nu_i]$ enthält. Letztere ist die Folge der veränderten Schwingungsfrequenzen ν_i des gestörten Kristalls (ν_{i0} Frequenzen des ungestörten Systems).[2])

Die Verteilungsmöglichkeiten der Punktfehler auf die vorhandenen Atomlagen geben Anlaß zur Konfigurationsentropie $\Delta S_K = -Nk_B[c \ln c + (1 - c) \ln (1 - c)]$, die wegen $c < 1$ stets positiv ist. Im thermodynamischen Gleichgewicht muß $\partial(\Delta G)/\partial c = 0$ gelten, eine Bedingung, die bei der Defektkonzentration c nach

$$\frac{c}{1 - c} = \mathrm{e}^{\frac{\Delta S_B}{k_B}} \, \mathrm{e}^{-\frac{\Delta H_B}{k_B T}} \qquad (3.7)$$

erfüllt ist. Für kleine c kann die linke Seite von (3.7) durch c ersetzt werden.

---

[1]) ΔV nach (3.1) würde z. B. für eine Leerstelle den Wert $[1 + \{9(1 - \nu)/(1 + \nu)\} \times \{b - a\}/a] v_{at}$ erreichen, also von der Größenordnung eines Atomvolumens v_{at} sein. Damit ist $p\Delta V \approx 10^{-5}$ eV/Atom bei Atmosphärendruck gegenüber ΔE vernachlässigbar. ΔE enthält neben E_{el} nach (3.5) i. allg. noch elektronische Anteile je nach Bindungstyp, deren sichere quantitative Erfassung noch ein aktuelles Problem ist.

[2]) Näherungsweise ist für Leerstellen mit $\Delta S_B = 1{,}5\,k$ und für Zwischengitteratome mit $0{,}8\,k$ zu rechnen.

Experimentelle Ergebnisse für ΔH_B und ΔS_B enthält Tab. 3.1. Die Defektkonzentration steigt in der Umgebung der Schmelztemperatur so an, daß physikalische Eigenschaften, wie z. B. die Molwärme (vgl. Abb. 3.1B), meßbaren Änderungen unterliegen.

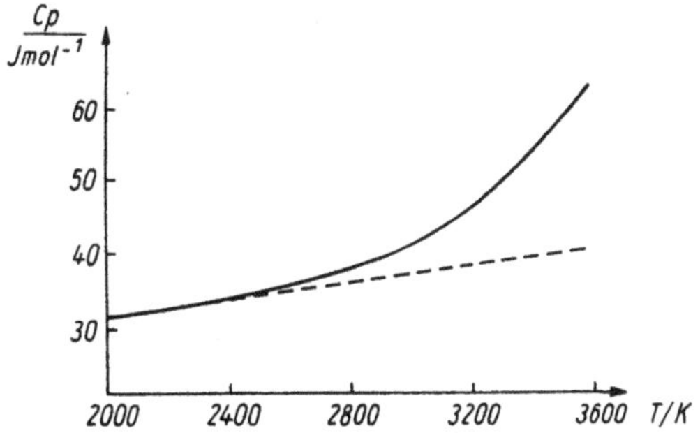

Abb. 3.1 B. Temperaturabhängigkeit der molaren Wärmekapazität von Wolfram unterhalb der Schmelztemperatur. Die Abweichung vom linearen Anstieg (gestrichelt) enthält neben anharmonischen Anteilen $\sim T^3$ den Beitrag der Punktfehler (nach KRAFTMACHER, STRELKOV).

3.1.3. *Thermische Bewegung von Punktfehlern*

Für eine Vielzahl mechanischer Eigenschaften ist die Fähigkeit der Punktfehler bedeutsam, Platzwechsel im kristallinen Zustand auszuführen. Diese auch als Diffusion bezeichnete Lageänderung wird dadurch möglich, daß das betreffende Atom Energie der Wärmebewegung aus seiner Umgebung aufnehmen und damit die Potentialbarriere ΔG_W zur benachbarten Gleichgewichtslage überwinden kann. Sie kann aber erst erfolgen, wenn diese Nachbarlage auch frei ist, hängt somit von der Geometrie des Platzwechselvorganges ab. Wegen Einzelheiten sei auf MANNING verwiesen. Die Sprungwahrscheinlichkeit eines Atoms in die Nachbarlage sei $W = W_0 \exp(-\Delta G_W/k_B T)$, und der Transport erfolge über Leerstellen. Die Wahrscheinlichkeit, daß eine bestimmte Atomlage durch eine Leerstelle besetzt ist, ist gleich deren Konzentration c_L. Damit erhält man wegen (3.7) für die Häufigkeit eines Platzwechsels in diesem Falle

$$Wc_L = W_0 \, e^{(\Delta S_W + \Delta S_{BL})/k_B} \, e^{-(\Delta H_{BL} + \Delta H_{WL})/k_B T}. \qquad (3.8)$$

ΔS_{WL} bzw. ΔH_{WL} sind die Entropie bzw. Enthalpie der Teilchenwanderung über Leerstellen, ΔS_{BL} und ΔH_{BL} besitzen die in 3.1.2. verwendete Bedeutung, spezialisiert für Leerstellen. Für Zahlenbeispiele vgl. Tab. 3.1.

Tabelle 3.1

Experimentelle Werte von ΔH_B, ΔH_W und ΔS_B für Leerstellen (überwiegend nach TAKAMURA)

Kristall	ΔH_{BL}/eV	$\Delta S_{BL}/k$	ΔH_{WL}/eV
Cu	1,17	1,5	1,06
Ag	1,09	1,5	0,88
Au	0,9	1,0	0,9
Al	0,76	2,4	0,62
W	3,15	6,5	
Nb	2,04	4,2	
Ge	2,07		0,95

3.1.4. Nichtgleichgewichtszustände

Neben der thermischen Erzeugung (vgl. 3.1.2) kommen Bestrahlung, Dotierung und plastische Deformation als Ursachen von Punktfehlern im Festkörper in Frage. Die Konzentrationen entsprechen dann in der Regel nicht dem thermodynamischen Gleichgewicht. Nichtgleichgewichtskonzentrationen stellen sich auch dann ein, wenn ein Festkörper einer schnellen Temperaturänderung unterworfen wird und sich die vorhandene (thermisch erzeugte) Fehlstellenkonzentration nicht sofort der neuen

Temperatur anpassen kann. Für ein Studium dieser Zustände sei auf QUÉRÉ; LETEURTRE, QUÉRÉ; DIEHL; TAKAMURA verwiesen.

Abweichungen von der homogenen Verteilung innerhalb eines Festkörpers werden auch in der Umgebung anderer Kristallbaufehler, wie z. B. Versetzungen, Korngrenzen, freie Oberflächen, beobachtet. Diese können als Quellen und Senken für Punktfehler wirken.

3.2. Versetzungen

Versetzungen sind Quellen von Eigenspannungen im Festkörper, sie sind weiter imstande, die relative Verschiebung benachbarter Netzebenen bei Schubspannungen $\ll G$ zu gewährleisten, und sie können Orientierungsunterschiede benachbarter Kristallbereiche ohne Aufgabe des atomaren Zusammenhanges vermitteln. Diese Eigenschaften verleihen ihnen eine Schlüsselstellung bei der Deutung plastischer Deformation.

3.2.1. Burgers-Umlauf

BURGERS-Vektor $\boldsymbol{b}$ und Richtung der Versetzungslinie $\boldsymbol{s}$ (vgl. PAUFLER, LEUSCHNER) kennzeichnen die geometrischen Eigenschaften einer Versetzung weitgehend, sofern die Kristallstruktur des betreffenden Festkörpers bekannt ist. Wir besprechen kurz eine Möglichkeit, die Lage beider Vektoren für eine vorgegebene Versetzung durch ein Gedankenexperiment zu bestimmen, ohne die Entstehungsgeschichte der Versetzung zu kennen. Sie geht auf BURGERS zurück und benutzt die Methode des BURGERS-Umlaufs.[1]) Sie basiert auf

---

[1]) Von den zwei gebräuchlichen Formen, der BURGERSschen und der FRANKschen (die sich durch das Vorzeichen unterscheiden), verwenden wir im folgenden die letztere.

einem Abbildungsprozeß des gestörten Kristalls auf einen ungestörten Bild-Kristall. Letzterer besitzt die gleiche Struktur wie die störungsfreien Bereiche des gestörten Kristalls. Die Abbildung wird koordinatenweise vorgenommen, wobei die Koordinaten durch die Atomlagen fixiert sind.

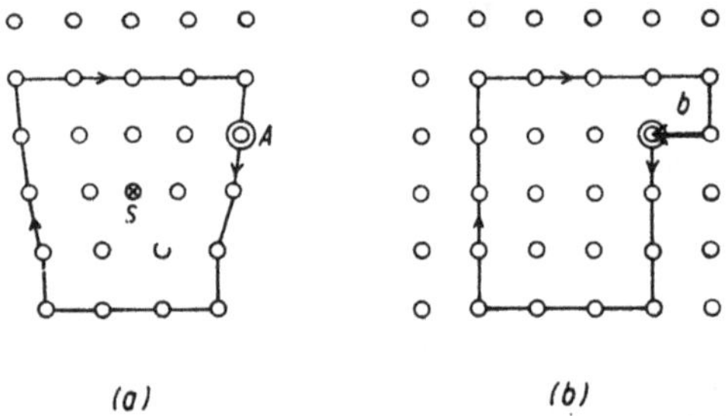

Abb. 3.2. Zur Definition des BURGERS-Umlaufs. (a) Die Versetzungslinie *s* zeigt in die Zeichenebene hinein und wird durch einen bei *A* beginnenden Umlauf eingeschlossen. (b) Im Bild-Kristall bleibt nach der gleichen Anzahl von Schritten (in Einheiten des Atomabstandes) ein Schließungsfehler, der BURGERS-Vektor ***b***.

Abgebildet werden nur „gute"[1]) Bereiche (deren Atomlagen sich eindeutig solchen im Idealkristall zuordnen lassen). Der Typ der Störung wird bestimmt, indem alle guten Bereiche Punkt für Punkt abgebildet und die verbleibenden schlechten durch eine Hüllfläche abgetrennt werden. Die Abmessung des eingeschlossenen Volumens gibt die Dimension der Störung an, im Falle der Versetzung also Eins.[2]) Sodann wird um die Versetzung ein geschlossener Umlauf im Realkristall festgelegt, dem ein Verlauf im Bild-Kristall entspricht, der i. allg. nicht mehr geschlossen ist. Der Schließungsfehler heißt BURGERS-Vektor ***b*** (vgl. Abb. 3.2) und hat die Bedeutung

[1]) Vgl. PAUFLER, LEUSCHNER, S. 127.

[2]) Der BURGERS-Umlauf kann auch auf andere Kristallbaufehler angewandt werden, vgl. z. B. 3.3.2.

eines Umlaufintegrals über die Verrückungen d$\boldsymbol{u}$

$$\boldsymbol{b} = \oint_B \mathrm{d}\boldsymbol{u} = \oint_B \mathsf{e} \cdot \mathrm{d}\boldsymbol{r} = \int \boldsymbol{\alpha} \cdot \mathrm{d}\boldsymbol{A}. \qquad (3.9)$$

Der Umlaufsinn wird so festgelegt, daß er mit dem (zuvor willkürlich mit einem Vorzeichen versehenen) Linieneinheitsvektor $\boldsymbol{s}/s \equiv \boldsymbol{e}_s$ eine Rechtsschraube bildet. Da $\boldsymbol{u}$ nur an Atomlagen definiert ist, kann die Summation von Längen durch einfaches Abzählen der Atome ersetzt werden. Das Resultat ist unabhängig vom genauen Linienverlauf, solange der Umlauf ganz im guten Kristallgebiet erfolgt. Die letzte der Gleichungen (3.9) definiert über den STOKESschen Satz den Tensor der BURGERS-Vektor-Dichte[1]) $\boldsymbol{\alpha} = (\partial/\partial\boldsymbol{r}) \times \mathsf{e}$[2]) mit

$$\frac{\partial}{\partial \boldsymbol{r}} \cdot \boldsymbol{\alpha} = 0.\text{[3])} \qquad (3.9\text{a})$$

$\boldsymbol{A}$ ist die von B umrandete Fläche (vgl. z. B. AUGUST). Im Falle des einfach-kubischen Gitters beschreiben die Diagonalelemente α_{ii} die Dichten der Schraubenversetzungen und die Nichtdiagonalelemente die der Stufenversetzungen.

3.2.2. *Verrückungsfelder*

Wie schon bei den Punktfehlern läßt sich das Verrückungsfeld einer Versetzung am einfachsten und in für viele Anwendungen ausreichender Näherung mit Hilfsmitteln der Kontinuumsmechanik berechnen.

---

[1]) Hierfür wird oft auch die Bezeichnung Versetzungsdichte-Tensor verwendet. Diese so definierte Versetzungsdichte ist verschieden von der in 3.2.6 definierten.

[2]) Für eine gerade Versetzungslinie mit $\boldsymbol{b}$, $\boldsymbol{s}$ und den Koordinaten p und q senkrecht zu $\boldsymbol{s}$ ist $\boldsymbol{\alpha} = \boldsymbol{b}\boldsymbol{e}_s\delta(p)\,\delta(q)$. Ein Versetzungsring $\boldsymbol{r} = \boldsymbol{r}'$ gibt Anlaß zu $\boldsymbol{\alpha} = \oint \boldsymbol{b}\,\delta(\boldsymbol{r} - \boldsymbol{r}')\,\mathrm{d}\boldsymbol{r}'$.

[3]) (3.9 a) bedeutet, daß Versetzungslinien im Kristallinnern nicht enden können.

Wird in (2.50) für den statischen Fall die Spannung nach (2.46a) durch die Verzerrung $\boldsymbol{\epsilon}$ ersetzt und diese über (2.9) durch die Verrückung $\boldsymbol{u}$ ausgedrückt, ergibt sich folgende partielle Differentialgleichung für $\boldsymbol{u}$:

$$(1 - 2\nu)\, \Delta \boldsymbol{u} + \frac{\partial}{\partial \boldsymbol{r}} \frac{\partial}{\partial \boldsymbol{r}} \cdot \boldsymbol{u} = 0, \tag{3.10}$$

deren Lösung unter der Zusatzforderung (3.9) das Verrückungsfeld einer Versetzung liefert.[1])

Für eine gerade rechtshändige[2]) Schraubenversetzung parallel zur x_3-Achse hat die Lösung in kartesischen Koordinaten die Form

$$\boldsymbol{u} = \left[0,\ 0,\ \frac{b}{2\pi} \operatorname{arc\,tan} \frac{x_2}{x_1}\right], \tag{3.11}$$

und für eine gerade Stufenversetzung in der gleichen Koordinatenrichtung und mit $\boldsymbol{b} \parallel x_1$ wird

$$\boldsymbol{u} = \frac{b}{2\pi} \left[\operatorname{arc\,tan} \frac{x_2}{x_1} + \frac{1}{2(1-\nu)} \frac{x_1 x_2}{(x_1^2 + x_2^2)},\right.$$
$$\left. - \frac{1-2\nu}{2(1-\nu)} \ln \sqrt{x_1^2 + x_2^2} + \frac{x_2^2}{2(1-\nu)\,(x_1^2 + x_2^2)},\ 0\right]. \tag{3.12}$$

Diese Lösung ist nur für $r > r_0$ verwendbar (vgl. 3.2.12 hinsichtlich des Anteils $r < r_0$), weil sie für $\sqrt{x_1^2 + x_2^2} \equiv r \to 0$ auf Grund der Unzulänglichkeit der benutzten linearen Näherung divergiert. Die Verrückung ist längs der Versetzungslinie konstant. Verschiebt sich die Versetzung im Kristall, so bedeutet das den Transport der Verrückung. Wir wollen uns mit dieser wichtigen geometrischen Funktion der Versetzung im folgenden näher befassen.

---

[1]) Mit Randbedingung für unendlich ausgedehntes Medium $\varepsilon(\infty) = 0$.

[2]) $\boldsymbol{b} \cdot \boldsymbol{s} > 0$, $|\boldsymbol{b}| = b$

3.2.3. *Typen der Bewegung einzelner Versetzungen*

Ein Versetzungslinienstück $\boldsymbol{s}$ mit dem BURGERS-Vektor $\boldsymbol{b}$ möge sich in einer beliebigen Ebene mit der Normalen $\boldsymbol{n}'$ in Richtung $\boldsymbol{m}$ verschieben. Dann gilt $\boldsymbol{n}' \cdot \boldsymbol{s} = 0$ und $\boldsymbol{n}' \times \boldsymbol{e}_s = \boldsymbol{m}$ (vgl. Abb. 3.3).[1]) Vereinbart man, daß $\boldsymbol{n}'$ auf das positive Ufer der Ebene zeige (s. Abb. 3.3), dann gilt unabhängig vom Versetzungscharakter der Satz: Bei Verrückung der Versetzung in Richtung $\boldsymbol{m}$ wird das positive Ufer gegenüber dem negativen um den BURGERS-Vektor $\boldsymbol{b}$ verschoben.[2])

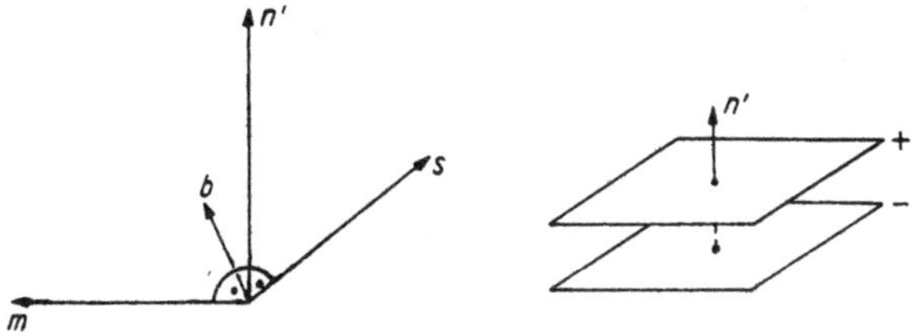

Abb. 3.3. Zur Definition der Bewegungsgrößen einer Versetzung

Wir unterscheiden zwei wichtige Grenzfälle, die konservative und die nichtkonservative Versetzungsbewegung; konservativ heißt hier, die Massendichte bleibt erhalten.

a) Konservative Bewegung (Gleiten)

Diese Bewegungsform liegt vor, wenn $\boldsymbol{b} \cdot \boldsymbol{n}' = 0$ ist. Dann enthält die betrachtete Ebene $\boldsymbol{n}'$ den BURGERS-Vektor und heißt Gleitebene der Versetzung.

Bei Schraubenversetzungen ($\boldsymbol{b} \times \boldsymbol{s} = 0$) erfolgen alle Bewegungen konservativ, denn stets ist $\boldsymbol{n}' \cdot \boldsymbol{b} = 0$. Jede

[1]) Verschiebungskomponenten parallel zur Versetzungslinie geben keinen Beitrag zur Abgleitung.

[2]) Man mache sich das mit Hilfe des BURGERS-Umlaufs von 3.2.1. klar!

Ebene, die $\boldsymbol{s}$ enthält, kann Gleitebene einer Schraubenversetzung sein. Der Übergang von einer Gleitebene in eine andere heißt Quergleiten (vgl. Abb. 3.3 A und Abb. 3.9).

a)

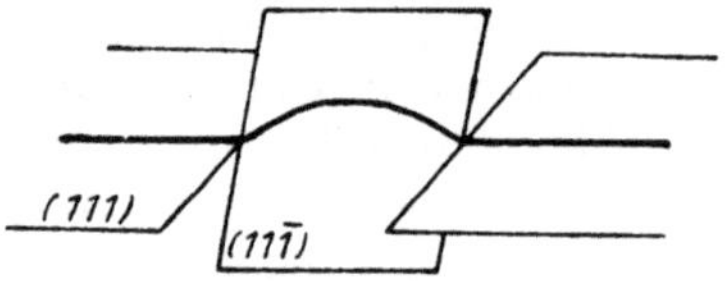

b)

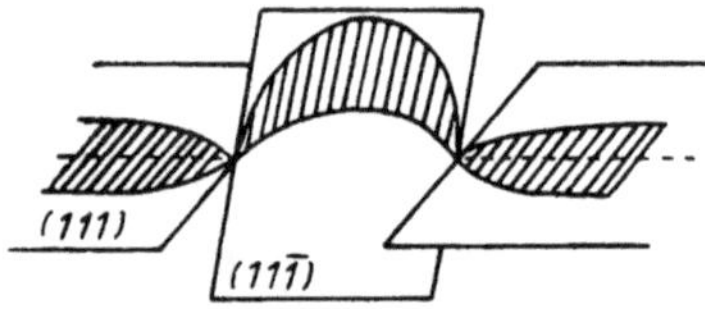

Abb. 3.3 A. Zur Querleitung einer a) vollständigen, b) aufgespalteten Versetzung im Cu-Typ. Im Fall b) muß die Aufspaltung auf (111) erst rückgängig gemacht („eingeschnürt") werden, damit der Übergang zur Quergleitebene und erneute Aufspaltung auf (11$\bar{1}$) möglich ist (vgl. auch 3.2.9 und 7.1.1.2).

Bei Stufenversetzungen ($\boldsymbol{b} \cdot \boldsymbol{s} = 0$) ist dagegen konservative Bewegung (Gleiten) nur möglich in Richtungen $\boldsymbol{m}$, die senkrecht auf $\boldsymbol{s} \times \boldsymbol{b}$ stehen: $\boldsymbol{m} \cdot (\boldsymbol{s} \times \boldsymbol{b}) = 0$; sie liegen in einer Ebene, der Gleitebene der Stufenversetzung, gegeben durch $\boldsymbol{n}' \times (\boldsymbol{s} \times \boldsymbol{b}) = 0$.

Auf den Zusammenhang mit der makroskopischen Formänderung wird in 6.3 eingegangen.

b) Nichtkonservative Bewegung (Klettern)

Bewegt sich die Versetzung in einer Ebene, die nicht den Burgers-Vektor enthält (es gelte $\boldsymbol{b} \cdot \boldsymbol{n}' \neq 0$ und $\boldsymbol{m} \times (\boldsymbol{s} \times \boldsymbol{b}) = 0$), so spricht man von Klettern, und die Bewegung erfolgt nichtkonservativ, da sich die Massendichte ändert. Die Versetzungslinie kann von A nach B (vgl. Abb. 3.4) z. B. durch Anlagerung einer Leerstellenreihe gelangen. Praktisch erfolgt der Massetransport durch Diffusion (vgl. 3.1.3). Daher erfordert diese Bewegung im allgemeinen größere Energien als das Gleiten und läuft vorzugsweise bei hohen Temperaturen ab. Wir

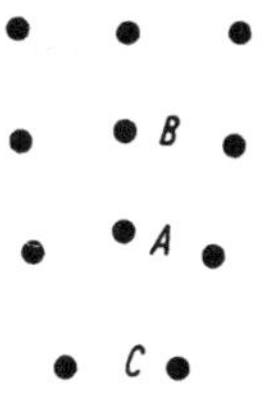

Abb. 3.4. Zum Klettern von Versetzungen. Verschiebung von A nach C durch Anlagern einer Atomreihe, von A nach B durch Leerstellenreihe

werden aber im nächsten Abschnitt eine Möglichkeit kennenlernen, Klettern bei tiefen Temperaturen zu erzeugen. Das durch das Klettern erzeugte Volumen beträgt

$$\delta V = \boldsymbol{b} \cdot \delta \boldsymbol{A} = \boldsymbol{b} \cdot \boldsymbol{n}' \delta A \tag{3.13}$$

mit δA als der von der Versetzung mit dem Burgers-Vektor $\boldsymbol{b}$ überstrichenen Fläche.

c) Beliebige Versetzungsbewegung

Die Verschiebung in beliebiger Richtung $\delta l = \delta l \boldsymbol{m}$ ($\boldsymbol{m}$ steht natürlich weiter senkrecht auf $\boldsymbol{s}$) in der Ebene $\boldsymbol{n}'$ betrachten wir als Überlagerung der folgenden drei Anteile: Bewegung einer reinen Schraubenversetzung mit $\boldsymbol{b}_s = (\boldsymbol{e}_S \cdot \boldsymbol{b})\, \boldsymbol{e}_S$, dazu Gleiten und Klettern reiner Stufenversetzungsanteile $\boldsymbol{b}_{St(g)} = (\boldsymbol{m} \cdot \boldsymbol{b})\, \boldsymbol{m}$ bzw. $\boldsymbol{b}_{St(k)} = (\boldsymbol{n}' \cdot \boldsymbol{b})\, \boldsymbol{n}'$. Für die Anteile gelten dann die Überlegungen der Abschnitte a) und b).

3.2.4. Sprünge und Dipole

Eine weitere geometrische Besonderheit tritt auf, wenn eine Versetzungslinie aus einer Gleitebene in eine dazu parallele übergeht. Das Übergangsstück heißt Sprung und besitzt eine andere Gleitebene als die restliche Versetzung, aber den gleichen BURGERS-Vektor (Abb. 3.5a). Die Unterschiede in der Gleitebene führen i. allg. zu solchen in der Beweglichkeit und sind daher für den Verformungsablauf von sehr großer Bedeutung. Sprünge können durch Diffusion und durch Schneiden zweier Versetzungen entstehen. Der letzte Fall ist für die plastische Verformung der wichtigere, da er in dem dichten Gewirr der Versetzungslinien sehr häufig auftritt.

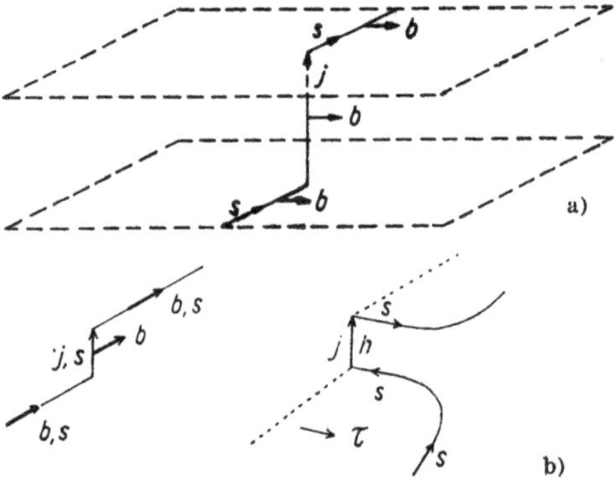

Abb. 3.5 a) Sprung j in einer Versetzungslinie, b) Dipolbildung an einem Sprung der Höhe h

Betrachtet man eine Versetzungslinie $\boldsymbol{s}_1$, $\boldsymbol{b}_1$, die sich in Richtung $\boldsymbol{m}_1$ bewegt und dabei auf die ruhende Linie $\boldsymbol{s}_2$, $\boldsymbol{b}_2$ trifft (vgl. Abb. 3.6a), dann entsteht in der Versetzung 1 ein Sprung $\boldsymbol{j}_1$, der für $\boldsymbol{b}_2$-Werte, die groß gegenüber dem kleinsten Atomabstand sind, gegeben ist durch

$$\boldsymbol{j}_1 = \frac{(\boldsymbol{s}_1 \times \boldsymbol{m}_1) \cdot \boldsymbol{s}_2}{|(\boldsymbol{s}_1 \times \boldsymbol{m}_1) \cdot \boldsymbol{s}_2|} \boldsymbol{b}_2 \tag{3.14}$$

mit einer Gleitebene $\boldsymbol{n}_1'' = (\boldsymbol{j}_1 \times \boldsymbol{m}_1)/(\boldsymbol{j}_1 \times \boldsymbol{m}_1)$. Ebenso wird in der Versetzung 2 ein Sprung erzeugt, dessen Kenngrößen durch sinngemäße Vertauschung der Indizes 1 und 2 erhalten werden können (vgl. Abb. 3.6b).[1])

[1]) Das Resultat ist unabhängig davon, ob 1 oder 2 ruht.

Wenn der BURGERS-Vektor $\mathfrak{b}$ nicht in der Gleitebene des Sprunges liegt, kommt entweder dessen Bewegung zum Stillstand (u. U. wird die Vernichtung von Sprüngen entgegen-

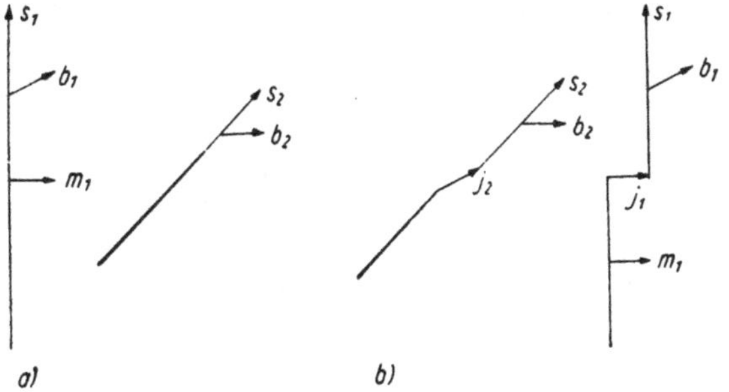

Abb. 3.6. Schneiden zweier Versetzungen. (a) vor, (b) nach dem Durchschneiden

gesetzten Vorzeichens auf der gleichen Versetzungslinie veranlaßt) oder sie führt zur Punktdefekterzeugung. Das dabei erzeugte Volumen ist wieder durch (3.13) gegeben.

Die Unbeweglichkeit eines Sprunges kann Anlaß zur Bildung eines Dipoles geben. In Abb. 3.5b unterliegt ein Sprung in einer Schraubenversetzung einer Schubspannung τ senkrecht zu seiner Gleitebene. Die an den Sprung anschließenden Versetzungsstücke können im Gegensatz zum Sprung dieser Spannung durch Gleiten nachgeben und einen Dipol „ausziehen". Er wird von (Stufen-) Versetzungen entgegengesetzten Vorzeichens gebildet. Dipole können auch auf andere Weise erzeugt werden, z. B. dadurch, daß sich zwei Versetzungen entgegengesetzten Vorzeichens zufällig begegnen. Die Diskussion der Kraftwirkung in 3.2.9. wird zeigen, daß sich beide Versetzungen anziehen können.

3.2.5. *Versetzungsnetzwerke*

Im Realkristall treten Versetzungen sehr oft nicht isoliert voneinander auf. Sie sind dann miteinander verknüpft und können Netzwerke bilden (vgl. auch Kap. 3.3).

Netzwerke aus Versetzungen mit verschiedenem BURGERS-Vektor heißen FRANKsche Netzwerke. Sie können z. B. aus den sog. eingewachsenen Versetzungen gebildet sein, also während der Kristallherstellung entstehen (vgl. 3.2.6). Der grundlegende Baustein eines

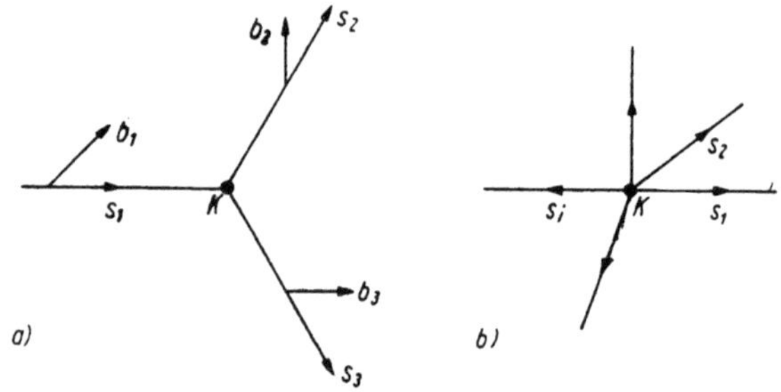

Abb. 3.7. Verzweigung von Versetzungslinien (Versetzungsknoten)

solchen Netzwerkes ist die Verzweigung (s. Abb. 3.7). Sie bedeutet folgendes: Durch die Versetzung $\boldsymbol{s}_1$ wird das eine Ufer der Gleitebene um den Vektor $\boldsymbol{b}_1$ gegenüber dem anderen verschoben (vgl. 3.2.3). Die gleiche Verschiebung kann auch in zwei Schritten $\boldsymbol{b}_2$ und $\boldsymbol{b}_3$ nacheinander erreicht werden. Wegen der Invarianz des BURGERS-Umlaufs gegen Verschiebung im guten Kristallgebiet (vgl. 3.2.1) darf sich sein Wert auch bei Verlagerung über den Knoten K der Verzweigung hinweg nicht ändern, so daß $\boldsymbol{b}_1 = \boldsymbol{b}_2 + \boldsymbol{b}_3$ gilt. Werden die willkürlich vorgebbaren $\boldsymbol{s}_i$-Polaritäten symmetrisch in bezug auf den Knoten gewählt (vgl. Abb. 3.7b), dann hat im Falle von N Versetzungen die Beziehung die Form des Knotensatzes

$$\sum_{i=1}^{N} \boldsymbol{b}_i = 0. \tag{3.15}$$

Da die in einer bestimmten Struktur möglichen BURGERS-Vektoren nur weniger Werte fähig sind (vgl. Tab. 6.1), wird damit den Knoten eines Netzwerkes eine strenge Bedingung auferlegt. Versetzungen mit gleichem BURGERS-Vektor können nach (3.15) keine Knoten bilden. Sie ordnen sich jedoch unter dem Einfluß gegenseitiger Kraftwirkung (vgl. 3.2.9) oft zu Kleinwinkelkorngrenzen an. Deren Besprechung wird in Kap. 3.3 vorgenommen.

3.2.6. Versetzungsquellen und -senken

Praktisch alle Kristalle enthalten Versetzungen. Dennoch steht eine vollständig befriedigende Erklärung ihrer Entstehung noch aus. Ohne Zweifel bilden sich Versetzungen während des Erstarrungsvorganges, ebenso gewiß ist wohl die Umverteilung und Erzeugung im anschließenden Abkühlungsprozeß unter dem Einfluß thermischer Spannungen. Wie wir in 3.3.2 noch sehen werden, sind geeignete ebene Netzwerke von Versetzungen in der Lage, Orientierungsunterschiede aneinanderstoßender Kristallbereiche aufzufangen. Gerade diese können bei der Berührung wenig gegeneinander geneigter Kristallite entstehen. Abkühlung nach der Erstarrung ist in der Regel mit einem Überschuß an Punktfehlern (meist Leerstellen) verbunden (s. 3.1.4), der durch Bildung von Versetzungsringen abgebaut werden kann (Abb. 3.7A). Weiterhin können räumliche Schwankungen der chemischen Zusammensetzung Fehlpassungsspannungen aus-

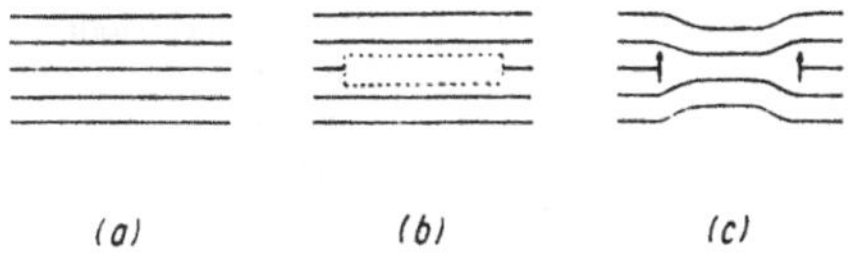

Abb. 3.7 A. Bildung eines Versetzungsringes durch Leerstellenkondensation. (a) Ungestörte Stapelung von Netzebenen, (b) Verschwinden eines flächenhaften Bereiches einer Netzebene durch Leerstellenanhäufung, (c) Relaxation der umgebenden Netzebenen. Bildung eines Stufenversetzungsringes, der den ausgesparten Netzebenenanteil umrandet (BURGERS-Vektor durch Pfeile markiert)

lösen, die ebenfalls durch Versetzungen herabgesetzt werden. Immerhin gelingt es, in Kristallen mit hoher PEIERLS-Spannung (vgl. 3.2.12.2) die Dichte der eingewachsenen Versetzungen durch Vermeiden hoher thermischer Spannungen bei der Herstellung auf sehr niedrige Werte (z. T. auf Null) zu bringen. Dazu gehören insbesondere Kristalle mit kovalenter Bindung (Halbleiter) und intermetallische Verbindungen.

Sind auf diese Weise Versetzungen gebildet, dann können laufend weitere im Verlauf ihrer Bewegung durch Multiplikation entstehen.

Überdies ist es wegen der kleinen Energiedichte praktisch nicht möglich, alle Versetzungen durch Wärmebehandlung aus dem Kristall zu vertreiben.[1])

Tab. 3.2 erläutert die quantitativen Verhältnisse. Versetzungen sind mit einer elastischen Energie pro Längeneinheit von rund $5 \cdot 10^{-9}$ J/m verbunden (vgl. 3.2.8). Als Maß für die Versetzungsdichte ϱ_V verwendet man die Linienlänge/Volumen $\varrho_V = L/V$.[2]) Wenn sich die Maschenweite des Netzwerkes vergrößert, sinkt die Energiedichte schnell ab und damit auch die treibende Kraft für weiteres Anwachsen der Maschenweite (d. h. Abnahme von ϱ_V).

Tabelle 3.2
Elastische Energiedichte von Versetzungsnetzwerken verschiedener Größe

Netzwerkmaschenweite cm	Versetzungsdichte cm/cm^3	Energiedichte J/cm^3	Beispiel
10^{-1}	10^{2}	$5 \cdot 10^{-9}$	Halbleiterkristall
10^{-4}	10^{8}	$5 \cdot 10^{-3}$	unverformter metallischer Polykristall
10^{-6}	10^{12}	$5 \cdot 10^{1}$	stark verformter Metallkristall

[1]) Da im thermodynamischen Gleichgewicht ein Kristall i. allg. keine Versetzungen enthält, wäre das zunächst zu erwarten.

[2]) ϱ_V und α (vgl. (3.9)) unterscheiden sich in der Dimension um einen Faktor b. In ϱ_V sind außerdem die Vorzeichen der Versetzungen nicht berücksichtigt, so daß nur in speziellen Fällen $\alpha = \varrho_V\, b$.

Der Grundvorgang besteht in einer Erhöhung der Versetzungslänge durch Ausbeulen zwischen zwei Ankerpunkten. Als solche können Knoten (vgl. 3.2.5), Sprünge (vgl. 3.2.4), Punktfehler (vgl. 3.3.7), Fremdphasen (vgl. 7.1.2.3) und andere Störungen dienen, die mit Versetzungen in stark lokalisierte Wechselwirkung treten können. Abb. 3.8 zeigt als eine Möglichkeit das Schema einer Versetzungsquelle nach FRANK und READ. Weitere beobachtete Mechanismen sind das Doppelquergleiten (s. Abb. 3.9) und der Überschlag von Dipolen. Diese

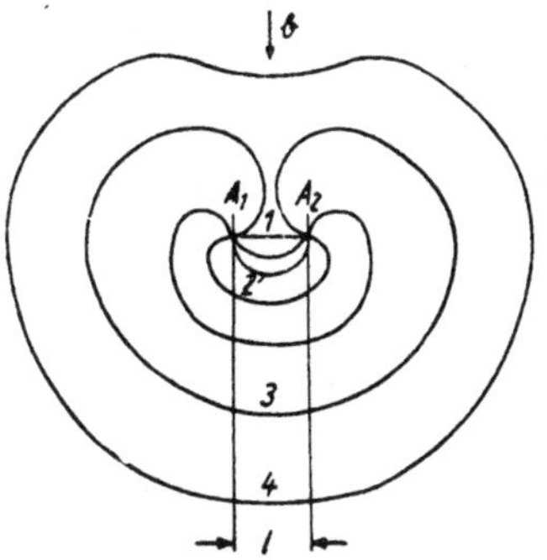

Abb. 3.8. Wirkungsweise einer FRANK-READ-Quelle. Ein Stück einer Versetzungslinie der Länge l mit Burgers-Vektor $\boldsymbol{b}$ ist an den Punkten A_1 und A_2 verankert (1). Wirkt eine äußere Spannung τ parallel zu $\boldsymbol{b}$, dann beult sich die Linie aus und erreicht bei $\tau = \tau_{FR}$ die kritische Halbkreisform (2). Eine weitere geringe Zunahme der Spannung führt zu spontaner Ausbreitung, bis in der Stellung 3 sich die nahe beieinander liegenden Schraubenanteile kompensieren und der Versetzungsring 4 sowie das ursprüngliche Stück 1 entstehen (vgl. auch Abb. 3.11).

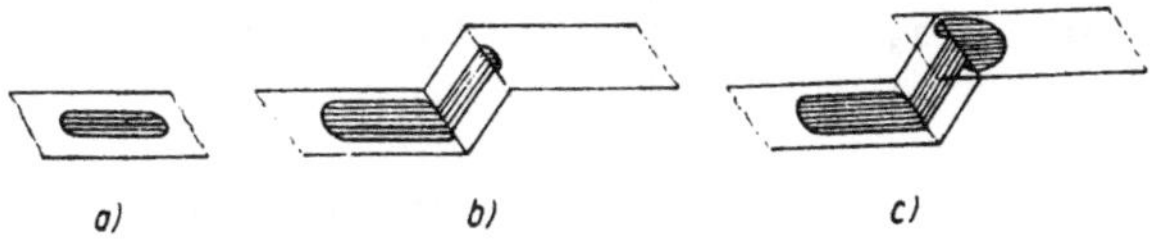

Abb. 3.9. Die Schraubenanteile eines Versetzungsringes (a) erreichen nach zweimaligem Quergleiten (b) eine benachbarte Gleitebene, in der dann ein Mechanismus vom Typ der Abb. 3.8 zur Erhöhung der Linienlänge (d. h. Versetzungsdichte) führt.

und zahlreiche z. T. substanzspezifische weitere Quellvorgänge gewährleisten den Fortgang der Gleitung bei niedriger Schubspannung. Das stimmt mit der Beobachtung überein, daß versetzungsfreie Halbleiterkristalle eine erhöhte Anfangsfestigkeit aufweisen. Noch auffälliger ist die erhöhte Festigkeit der sogenannten Whiskers (vgl. Abb. 2.1), die ebenfalls keine beweglichen Versetzungen enthalten.

Die Gesamtversetzungsdichte eines Kristalls kann abnehmen, wenn Versetzungen durch äußere und innere Oberflächen entweichen oder sich gegenseitig annihilieren (letzteres mache man sich am Beispiel zweier Stufenversetzungen entgegengesetzten Vorzeichens klar!). Die Vernichtungsvorgänge werden von Wechselwirkungskräften ausgelöst, die wir im folgenden erläutern werden.

3.2.7. *Spannungsfelder von Versetzungen*

Die Verrückungsfelder der Versetzungen (vgl. 3.2.2) sind mit Spannungsfeldern verknüpft, die sich auf Grund der linearen isotropen Kontinuumsmechanik, abgesehen vom unmittelbaren Kernbereich, nach (3.11), (3.12), (2.9) und (2.46a) berechnen lassen.

Für eine gerade Schraubenversetzung parallel zur x_3-Achse erhält man in Zylinderkoordinaten bzw. kartesischen Koordinaten

$$\boldsymbol{\sigma}(r, \vartheta, x_3) = \frac{Gb}{2\pi r}\begin{pmatrix} 0 & 0 & 0 \\ 0 & 0 & 1 \\ 0 & 1 & 0 \end{pmatrix} \quad \text{bzw.}$$

$$\boldsymbol{\sigma}(x_1, x_2, x_3) = \frac{Gb}{2\pi(x_1^2 + x_2^2)}\begin{pmatrix} 0 & 0 & -x_2 \\ 0 & 0 & x_1 \\ -x_2 & x_1 & 0 \end{pmatrix}. \tag{3.16}$$

Dabei muß $r > r_0 \approx b$ bleiben. Die Gesamtspannung hat Zylindersymmetrie, wie man der Darstellung in Zylinderkoordinaten entnehmen kann. Für Gleitvorgänge ist es allerdings oft nützlich, kartesische Koordinaten zu benutzen.

Die Spannungsfelder klingen langsam $\sim r^{-1}$ nach außen ab; man spricht daher von weitreichenden (elastischen) Spannungsfeldern der Versetzungen.

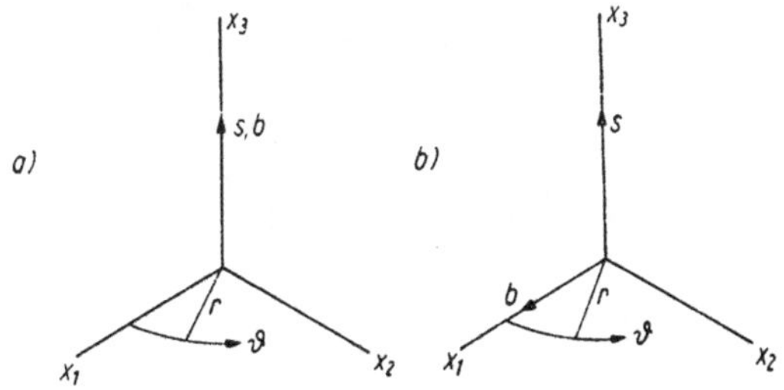

Abb. 3.10. Wahl der Koordinaten zur Beschreibung des Spannungsfeldes einer Schraubenversetzung (a) und einer Stufenversetzung (b)

Das Spannungsfeld einer geraden Stufenversetzung besitzt folgende Form (Orientierung des Koordinatensystems s. Abb. 3.10):

$$\boldsymbol{\sigma}(r, \vartheta, x_3) = \frac{Gb}{2\pi(1-\nu)\,r}\begin{pmatrix} -\sin\vartheta & \cos\vartheta & 0 \\ \cos\vartheta & -\sin\vartheta & 0 \\ 0 & 0 & -2\nu\sin\vartheta \end{pmatrix}$$

bzw. (3.17)

$$\boldsymbol{\sigma}(x_1, x_2, x_3) = \frac{Gb}{2\pi(1-\nu)\,(x_1^2 + x_2^2)^2} \times \begin{pmatrix} -x_2(3x_1^2 + x_2^2) & x_1(x_1^2 - x_2^2) & 0 \\ x_1(x_1^2 - x_2^2) & x_2(x_1^2 - x_2^2) & 0 \\ 0 & 0 & -2\nu x_2(x_1^2 + x_2^2) \end{pmatrix}.$$

Parallele Stufen- und Schraubenversetzungen weisen keine von Null verschiedenen gemeinsamen Spannungskomponenten auf, sie beeinflussen sich nicht gegenseitig (vgl. 3.2.9). Daher sind in dieser Näherung Spannungsfelder gemischter Versetzungen durch Addition der Schrauben- und Stufenanteile zu berechnen. In (3.16) und (3.17) ist nur b durch $b \cos \gamma$ bzw. $b \sin \gamma$ zu ersetzen, wenn $\boldsymbol{b}$ und $\boldsymbol{s}$ den Winkel γ einschließen. Der experimentelle Nachweis des räumlichen Verlaufs der Spannungsfelder kann direkt durch Spannungsdoppelbrechung erfolgen. Die Ergebnisse stimmen gut mit den Erwartungen (3.16) und (3.17) überein.

Das Spannungsfeld eines Dipols (vgl. 3.2.4) klingt nach außen schneller ab als das einer Einzelversetzung. Denn in Entfernungen $r \gg h$ (h Höhe des Dipols) ist

$$\sigma \approx \frac{Gb}{2\pi}\left(\frac{1}{r} - \frac{1}{r+h}\right) \approx \frac{Gbh}{2\pi r^2}\,. \qquad (3.17\text{a})$$

3.2.8. Elastische Energie gerader Versetzungen, Kräfte auf Versetzungen

Mit den Spannungsfeldern von Abschn. 3.2.7 kann nunmehr der elastische Energieinhalt eines Kristalls, der eine Versetzung enthält, angegeben werden. Er beträgt nach (2.39) in linearer Näherung[1])

$$E_{\mathrm{el}} = \frac{1}{2}\int \boldsymbol{\sigma} : \boldsymbol{\epsilon}\, \mathrm{d}V\,, \qquad (3.18)$$

divergiert also mit der Versetzungslänge und wegen der r^{-1}-Abhängigkeit von $\boldsymbol{\sigma}$ auch mit dem Kristallvolumen.

---

[1]) $\delta w = \int_0^{\epsilon} \boldsymbol{\sigma} : \mathrm{d}\boldsymbol{\epsilon} = \frac{1}{2}\boldsymbol{\sigma} : \boldsymbol{\epsilon}$ wegen $\boldsymbol{\sigma} = \mathbf{C} : \boldsymbol{\epsilon}$.

Es wird daher die elastische Energie, bezogen auf die Versetzungslänge L, in einem Hohlzylinder mit dem Innendurchmesser $2r_0$ (vgl. 3.2.2) und dem Außendurchmesser $2r_1$ berechnet. Dabei bedeutet r_1 etwa den kürzesten Abstand zur Kristalloberfläche oder bei Anwesenheit mehrerer Versetzungen den halben kürzesten Abstand zu Nachbarversetzungen (in großer Entfernung kompensieren sich die Spannungsfelder). Man erhält für Schraubenversetzungen

$$\left.\frac{E_{el}}{L}\right|_S = \int_{r_0}^{r_1} \frac{\sigma^2_{\vartheta x_3}}{2G} 2\pi r \, dr = \frac{Gb^2}{4\pi} \ln \frac{r_1}{r_0} \qquad (3.19)$$

und für Stufenversetzungen

$$\left.\frac{E_{el}}{L}\right|_{St} = \frac{Gb^2}{4\pi(1-\nu)} \ln \frac{r_0}{r_1}.^{1)} \qquad (3.20)$$

Zur Illustration der Größenordnung sei die Energie einer Stufenversetzung in Kupfer abgeschätzt. Mit $G = 4 \cdot 10^{10}$ Nm^{-2}, $\nu = 0{,}34$, $b = 2{,}5 \cdot 10^{-10}$ m, $r_0 \approx 10^{-9}$m und $r_1 \approx 10^{-2}$m erhält man (3.20) $E_{el}/L = 4{,}8 \cdot 10^{-9}$ J m^{-1} ≈ 1eV$/b$. Für gemischte Versetzungen hätte man wie in 3.2.7 vorzugehen.

Da eine äußere Schubspannung eine Versetzung in Bewegung setzen kann, liegt es nahe, von einer Kraftwirkung zu sprechen. Die quantitative Definition der Kraft auf eine Versetzung kann in üblicher Weise dadurch erfolgen, daß man die Arbeit $\boldsymbol{K} \cdot d\boldsymbol{l}$, die zu ihrer Verschiebung um $d\boldsymbol{l}$ zu leisten ist, entgegengesetzt gleich der Änderung der potentiellen Energie dU des ganzen Kristalls (unter Berücksichtigung der äußeren Spannung,

---

[1]) Der Anteil des bisher nicht berücksichtigten Versetzungsbereiches $r < r_0$ wird erfahrungsgemäß gut erfaßt, wenn man $r_0 \approx b \ldots b/4$ wählt. Wegen der schwachen logarithmischen Abhängigkeit ist die Unsicherheit in r_0 und r_1 ohne große Bedeutung.

aber nicht des Spannungsfeldes der betrachteten Versetzung) setzt:

$$\boldsymbol{K} = -\frac{\mathrm{d}U}{\mathrm{d}\boldsymbol{l}}. \tag{3.21}$$

Daraus folgt nach PEACH und KOEHLER als Kraft auf das Linienelement d$\boldsymbol{s}$

$$\boldsymbol{K} = (\boldsymbol{b} \cdot \boldsymbol{\sigma}) \times \mathrm{d}\boldsymbol{s}. \tag{3.22}$$

Die Gesamtkraft ergibt sich durch Integration $\int (\boldsymbol{b} \cdot \boldsymbol{\sigma}) \times \mathrm{d}\boldsymbol{s}$ über die Versetzungslinie. $\boldsymbol{K}$ steht stets senkrecht auf dem Versetzungslinienelement. Für Gleitprozesse interessiert die Projektion von $\boldsymbol{K}$ auf das Gleitsystem

$$\boldsymbol{K}_G = \boldsymbol{n} \times \mathrm{d}\boldsymbol{s}(\boldsymbol{b} \cdot \boldsymbol{\sigma} \cdot \boldsymbol{n}) = (\boldsymbol{n} \times \mathrm{d}\boldsymbol{s})\, b\tau. \tag{3.23}$$

Die Gleichungen (3.19) bis (3.23) gelten für gerade Versetzungsstücke. Zur Verlängerung einer Versetzung hat man den Energiebetrag (3.19) oder (3.20) aufzuwenden.[1])

Analog zur Oberflächenspannung von Flüssigkeiten führen wir eine Linienspannung der Versetzung

$$k_L = \frac{E_{\mathrm{el}}}{L} + \frac{1}{L} \frac{\partial^2 E_{\mathrm{el}}}{\partial \gamma^2} \tag{3.24}$$

ein, wobei E_{el}/L aus (3.19) bzw. (3.20) bestimmt werden kann und γ den Winkel zwischen $\boldsymbol{b}$ und $\boldsymbol{s}$ bedeutet. Für Abschätzungen wird oft die Näherung $k_L \approx (1/2)\, Gb^2$ verwendet.

Wird die Linienspannung berücksichtigt, dann ergibt sich für den praktisch sehr wichtigen Fall der Durchbiegung einer Versetzung zwischen zwei festen Punkten unter der Wirkung

---

[1]) Man kann jedoch damit den Energiezuwachs bei der Durchbiegung einer Versetzung praktisch nicht berechnen, da Versetzungsstücke entgegengesetzten Vorzeichens so nahe beieinander liegen, daß die zusätzliche elastische Verzerrung nach außen teilweise kompensiert und somit der Gesamtenergiezuwachs verhältnismäßig klein ist.

einer äußeren Schubspannung τ (vgl. z. B. FRANK-READ-Quelle, Abb. 3.8) folgende Bilanz (s. Abb. 3.11): Nach (3.22) erhält man für die Kraft auf ein Versetzungslinienelement $K = \tau b\,\mathrm{d}s$

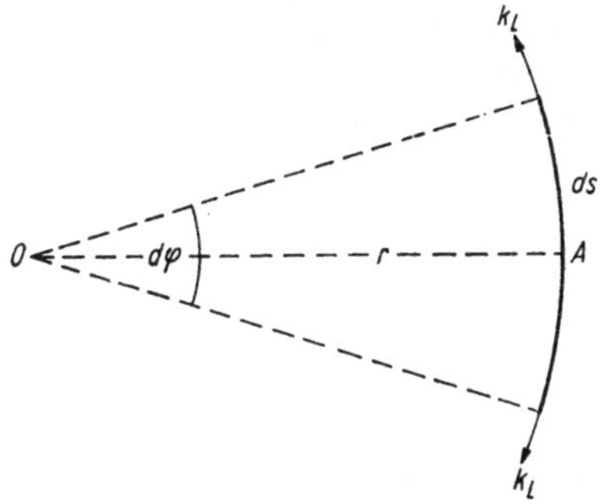

Abb. 3.11. Zur Berechnung der Spannung bei gekrümmter Versetzungslinie

$= \tau b\, r\mathrm{d}\varphi$. Sie muß in Richtung $\overrightarrow{0A}$ wirken, um der in Richtung $\overrightarrow{A0}$ wirkenden Komponente der Linienspannung $2k_L \sin(\mathrm{d}\varphi/2) \approx k_L\,\mathrm{d}\varphi$ das Gleichgewicht zu halten. Die äußere Spannung muß mithin den Wert $\tau = k_L/rb \approx Gb/2r$ besitzen, ist also abhängig vom momentanen Krümmungsradius der Versetzungslinie. Der kleinste auftretende Radius (vgl. Abb. 3.8) ist $r_{\min} = l/2$. Damit gilt z. B. für die Arbeitsspannung der FRANK-READ-Quelle $\tau_{FR} = \tau(r_{\min}) = 2k_L/bl \approx Gb/l$. Wenn die größten Maschenweiten l des Versetzungsnetzwerkes bei 10^{-5} m liegen, erhält man (mit $b = 10^{-10}$ m) $\tau_{FR} = 10^{-5}\,G$. Derartige Quellen können demnach bereits unterhalb der kritischen Schubspannung (vgl. 6.5) arbeiten.

3.2.9. *Kräfte zwischen Versetzungen*

In 3.2.8 wurden Kräfte auf Versetzungen untersucht, ohne Voraussetzungen über den Ursprung von σ bzw. τ zu machen; sie können demnach auch von anderen Versetzungen herrühren, so daß es zu Kräften zwischen linearen Baufehlern kommt. Die Vorstellung, daß sie die Ursache für das praktisch sehr bedeutsame Phänomen der Verfestigung (vgl. Abb. 1.1) seien, wurde bereits 1934 von G. I. Taylor geäußert und bildet heute einen wesentlichen Gesichtspunkt der Verfestigungstheorien. Wir wollen daher einige Sonderfälle besprechen.

Der einfachste Fall liegt bei der Wechselwirkung zweier paralleler Schraubenversetzungen vor. Wir denken uns eine Versetzung 1 als Spannungsquelle gegeben (sie liege parallel zu x_3) und berechnen die Kraft auf eine zweite im Abstand r_{12} befindliche Linie 2.

Ohne Beschränkung der Allgemeinheit (Rotationssymmetrie des Spannungsfeldes!) wählen wir als x_1, x_2-Ebene die von beiden Versetzungslinien aufgespannte Ebene. Die Kraft auf die Versetzung 2 ist nach (3.22) $\boldsymbol{K}_2 = (\boldsymbol{b}_2 \cdot \boldsymbol{\sigma}_1) \times \mathrm{d}\boldsymbol{s}_2$, mit (3.16) wird daraus

$$\boldsymbol{K}_2 = [K_{2,r}, K_{2,\vartheta}, K_{2,x_3}] = \mathrm{d}s\,\alpha(Gb_1b_2/2\pi r_{12})\,[1, 0, 0], \tag{3.25}$$

wobei $\alpha = 1$ für gleichnamige und $\alpha = -1$ für ungleichnamige Versetzungen gilt. Die Kraft auf 2 besitzt nur eine Komponente in radialer Richtung, d. h., sie ist eine Zentralkraft. Damit erhält man das Ergebnis: Gleichnamige parallele Schraubenversetzungen stoßen sich ab, ungleichnamige ziehen sich an. Der Betrag der Kraft ist dem Abstand umgekehrt proportional.[1])

Weiter sei der Fall zweier paralleler Stufenversetzungen untersucht, die in parallelen Gleitebenen liegen (vgl. Abb. 3.12a). (3.22) mit (3.17) liefert in kartesischen Koordinaten

$$\boldsymbol{K}_2 = [K_{2,x_1}, \ K_{2,x_2}, \ K_{2,x_3}] = \mathrm{d}s\,\alpha\big(Gb_1b_2/2\pi(1-\nu) \times (x_1^2 + x_2^2)^2\big) \cdot [x_1(x_1^2 - x_2^2), x_2(3x_1^2 + x_2^2), 0]. \tag{3.26}$$

---

[1]) Zwischen zwei parallelen Schraubenversetzungen gibt es also keine stabilen Konfigurationen.

Da die Versetzung 2 nur in x_1-Richtung gleiten kann, ist die Komponente K_{2,x_1} für das Gleiten und K_{2,x_2} für das Klettern maßgebend (vgl. 3.2.3).

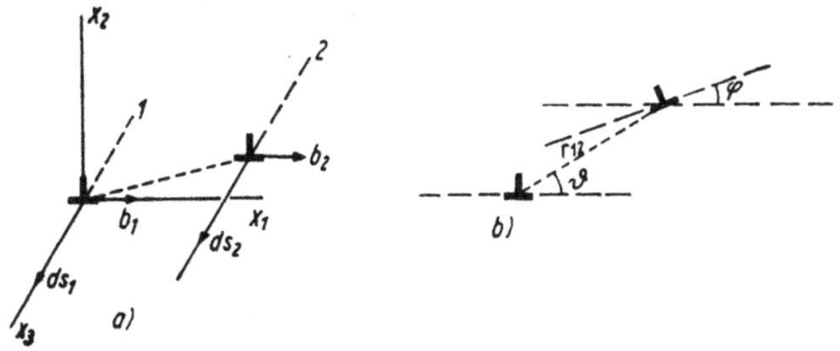

Abb. 3.12. Zur Wechselwirkung paralleler Stufenversetzungen in (a) parallelen und (b) nichtparallelen Gleitebenen

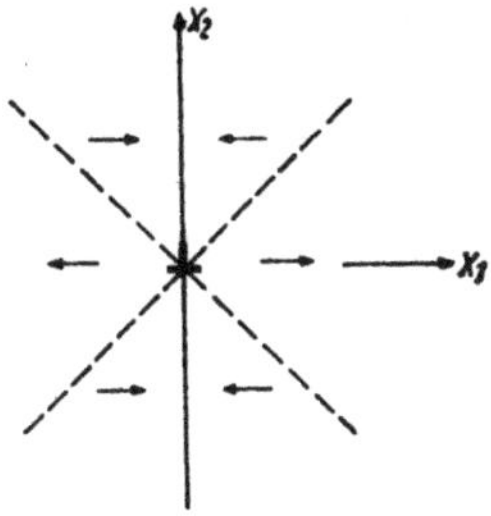

Abb. 3.13. Zur Wechselwirkung zweier paralleler gleichnamiger Stufenversetzungen nach (3.26). Die Pfeile geben die Richtung der Kraftwirkung der im Koordinatenursprung befindlichen Versetzung auf eine zweite an. Bei ungleichnamigen Versetzungen sind die Kraftrichtungen umzukehren.

Bei $x_1 = 0$ und $x_1 = x_2$ verschwindet die Kraftwirkung der Gleitkomponente. $|x_1| > |x_2|$ führt je nach Vorzeichen von x_1 und α zu Abstoßung oder Anziehung, für $|x_1| < |x_2|$ kehrt sich die Richtung gegenüber dem vorgenannten Fall um. Die Lagen $x_1 = x_2$ entsprechen bei gleichnamigen Versetzungen metastabilem, die bei $x_1 = 0$ stabilem Gleichgewicht (s. Abb. 3.13). Stufenversetzungen können daher stabile Konfigurationen vom Typ eines Polygonisationsnetzwerkes bilden (vgl. 3.2.5 u. 3.3.2). Bei ungleichnamigen Versetzungen sind stabile und metastabile Lagen vertauscht.

Parallele Stufenversetzungen in nichtparallelen Gleitebenen (vgl. Abb. 3.12b) üben Kräfte parallel zum Gleitsystem der zweiten Versetzung vom Betrag

$$K_{2(g)} = \mathrm{d}s\,\big(Gb_1b_2/2\pi r_{12}(1-\nu)\big)\cos\vartheta\cos\{2(\vartheta-\varphi)\} \quad (3.27)$$

und senkrecht dazu vom Betrag

$$K_{2(k)} = \mathrm{d}s\,\big(Gb_1b_2/2\pi r_{12}(1-\nu)\big)\,(\sin\vartheta + \cos\vartheta\sin\{2(\vartheta-\varphi)\}$$

aufeinander aus.

Die Verhältnisse bei nichtparallelen Versetzungen sind komplizierter, da die Kraftwirkung im allgemeinen entlang der Versetzungslinie nicht gleichförmig erfolgt, so daß ein Durchbiegen auftritt und die Linienspannung (3.24) berücksichtigt werden muß. Die Lösung wird dann gewöhnlich auf dem Wege der Simulation mit Rechenautomaten angestrebt.

Wenn sich zwei Versetzungen $\boldsymbol{s}_2$, $\boldsymbol{b}_2$ und $\boldsymbol{s}_3$, $\boldsymbol{b}_3$ als Folge ihrer Wechselwirkung beliebig nahe kommen und dadurch die Versetzung $\boldsymbol{s}_1$, $\boldsymbol{b}_1$ bilden, sprechen wir von einer Versetzungsreaktion. Die Umkehrung, nämlich der Zerfall analog Abb. 3.7 wird ebenfalls so bezeichnet. Die Reaktionspartner üben im allgemeinen Kräfte aufeinander aus, die die Stabilität bestimmen. Situationen der in Abb. 3.14 dargestellten Art werden zweckmäßigerweise anhand ihrer Energiebilanz beurteilt. Im vorliegenden Fall hat man $E_1 = E_2 + E_3 + \varDelta E$, d. h., die elastische Energie der Versetzung 1 wird auf 2 und 3 unter Berücksichtigung möglicher Wechselwirkung $\varDelta E$ verteilt. Die Reaktion wird nach rechts oder links ablaufen, je nachdem ob $\varDelta E > 0$ oder < 0 ist. Mit (3.19) und (3.20) ergibt sich unter Vernachlässigung der geringen Variation des logarithmischen Faktors

$$\varDelta E \sim b_1^2/C_1 - b_2^2/C_2 - b_3^2/C_3, \quad (3.28)$$

wobei $1/C_i \equiv \cos^2\gamma_i + \sin^2\gamma_i/(1-\nu)$ und $\gamma_i = \sphericalangle\, \boldsymbol{s}_i, \boldsymbol{b}_i$ ist. Für Abschätzungen kann die geringe Orientierungsabhängigkeit von $1/C$ außer Betracht bleiben. Man hat dann zu untersuchen, welches Vorzeichen die Differenz $b_1^2 - (b_2^2 + b_3^2)$ besitzt. Sind die Versetzungen 2 und 3 unvollständig (vgl. PAUFLER, LEUSCHNER 4.2.1), so

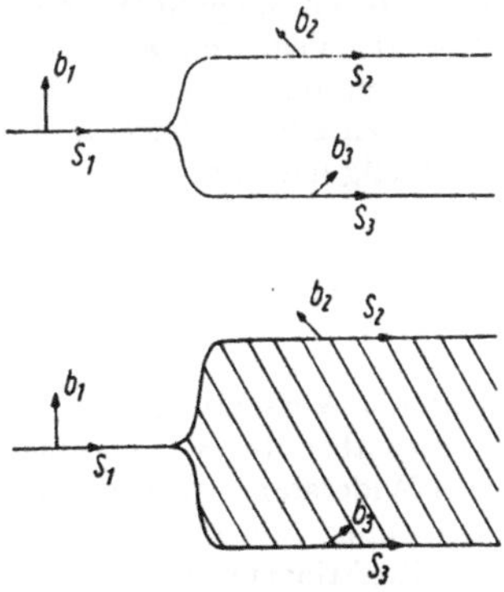

Abb. 3.14. Zur Energiebilanz bei Versetzungsreaktionen (a) ohne, (b) mit Stapelfehlerbildung (schraffiert)

spannen sie einen Stapelfehler auf (vgl. 3.3.8), dessen Breite d aus den Bedingungen für das Kräftegleichgewicht über

$$\frac{G}{2\pi d}\left[(\boldsymbol{b}_2 \cdot \boldsymbol{e}_{S2})(\boldsymbol{b}_3 \cdot \boldsymbol{e}_{S3}) + \frac{(\boldsymbol{b}_2 \times \boldsymbol{e}_{S2}) \cdot (\boldsymbol{b}_3 \times \boldsymbol{e}_{S3})}{1-\nu}\right] = \gamma_{SF} \quad (3.29)$$

berechnet werden kann, wobei γ_{SF} die Stapelfehlerenergie (= Energie/Fläche) bedeutet. ΔE wird in diesem Falle $\Delta E = \{E_1 - (G/2\pi)[(\boldsymbol{b}_2 \cdot \boldsymbol{e}_{S2})(\boldsymbol{b}_3 \cdot \boldsymbol{e}_{S3}) + (\boldsymbol{b}_2 \times \boldsymbol{s}_2)(\boldsymbol{b}_3 \times \boldsymbol{e}_{S3})/(1-\nu)] \ln (d/r_0) = (E_1 - B \ln (d/r_0))$, wo E_1 die Energie der vollständigen Versetzung und r_1 nach (3.20) gleich d gesetzt wurde.[1])

Bei kleinen Fehlordnungsenergien γ_{SF} ergeben sich

[1]) Falls $\boldsymbol{b}_2 \cdot \boldsymbol{b}_3 < 0$, ziehen sich die Teilversetzungen 2 und 3 an und bilden die vollständige Versetzung 1.

beträchtliche Aufspaltungen d, die dann auch elektronenmikroskopisch sichtbar gemacht werden können (z. B. Kupfer $\gamma_{SF} = 40 \cdot 10^{-3}\,\mathrm{Jm}^{-2}$, $d \approx 10$ Atomabstände).

Als ein Beispiel einer praktischen wichtigen Reaktion sei die Bildung sog. Lomer-Cottrell-Versetzungen angeführt. Zwei Versetzungslinien im Cu-Typ mit Burgers-Vektoren $\boldsymbol{b}_1 = (1/2) \times [10\bar{1}]$ und $\boldsymbol{b}_2 = (1/2)\,[0\bar{1}1]$ bewegen sich auf den Gleitebenen $(1\bar{1}1)$ und $(\bar{1}11)$ aufeinander zu und bilden eine in der Schnittgeraden beider Ebenen liegende Versetzung nach der Reaktionsgleichung

$$\frac{1}{2}\,[10\bar{1}] + \frac{1}{2}\,[0\bar{1}1] \rightarrow \frac{1}{2}\,[1\bar{1}0], \qquad (3.29\,\mathrm{a})$$

deren Burgers-Vektor nunmehr mit der Versetzungslinie die Gleitebene (001) aufspannt. Diese setzt aber der Versetzungsbewegung einen wesentlich größeren Widerstand entgegen als die Gleitebene $\{111\}$ (s. Tab. 7.1). In seiner Bewegungsfreiheit noch stärker eingeschränkt ist das Reaktionsprodukt, wenn die Reaktionspartner beide in ihrer Gleitebene aufgespalten sind entsprechend $(1/2)\,[10\bar{1}] \rightarrow (1/6)\,[21\bar{1}] + (1/6)\,[1\bar{1}\bar{2}]$ und $(1/2)\,[0\bar{1}1] \rightarrow (1/6)\,[\bar{1}\bar{2}1] + (1/6)\,[1\bar{1}2]$.

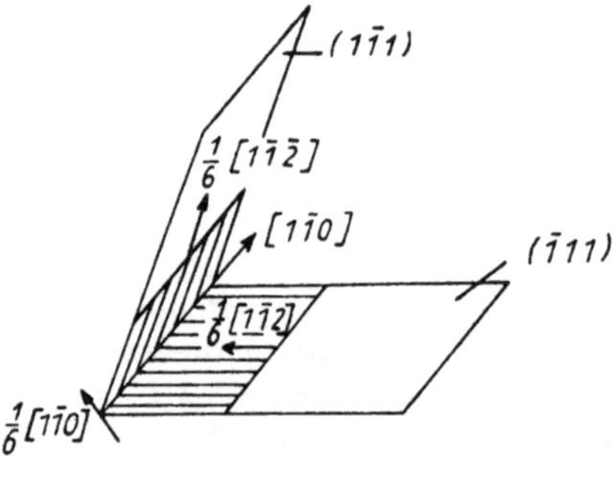

Abb. 3.14 A. Lomer-Cottrell-Versetzung mit Burgers-Vektor $\boldsymbol{b} = (1/6) \times [1\bar{1}0]$ in der Schnittlinie der Ebenen $(1\bar{1}1)$ und $(\bar{1}11)$. Sie ist nicht gleitfähig, da eine Verschiebung in der Gleitebene (001), die ohnehin erschwert wäre, die Erzeugung eines komplexen Stapelfehlers nach sich zöge. Wegen der angrenzenden Stapelfehler (schraffiert) kann die Lomer-Cottrell-Versetzung außerdem nicht klettern.

Unmittelbar zur Reaktion gelangen dann die jeweils ersten Teilversetzungen auf der rechten Seite. Sie bilden nach

$$\frac{1}{6}[21\bar{1}] + \frac{1}{6}[\bar{1}\bar{2}1] \rightarrow \frac{1}{6}[1\bar{1}0] \qquad (3.29\,\text{b})$$

eine unbewegliche LOMER-COTTRELL-Versetzung (s. Abb. 3.14A).

3.2.10. Wechselwirkung mit Punktfehlern

Auch Punktfehler (vgl. 3.1.1) können Quellen für Spannungsfelder sein und über (3.22) mit Versetzungen in Wechselwirkung treten.

An einem einfachen Beispiel sei dies erläutert. In isotroper Näherung werde das Verrückungsfeld des Punktfehlers durch (3.2) beschrieben. Dieses kann nun nur mit dem hydrostatischen Anteil des Spannungsfeldes einer Versetzung wechselwirken. Die Wechselwirkungsenergie ist dann $E_{VP}^{(1)} = p\Delta V$ mit ΔV aus (3.1). p berechnet sich aus $(-1/3)\,\mathrm{Sp}\,\boldsymbol{\sigma}$, d. h., nur Stufenversetzungsanteile (3.17) geben in dieser Näherung einen Beitrag $p = -(1/3) \times (\sigma_{rr} + \sigma_{\vartheta\vartheta} + \sigma_{x_3x_3}) = Gb_{\mathrm{St}}(1 + \nu) \sin\vartheta/3\pi(1 - \nu)\, r$. Damit wird

$$E_{VP}^{(1)} = 4A\,\frac{Gb_{\mathrm{St}} \sin\vartheta}{r} \qquad (3.30\,\text{a})$$

mit A nach (3.4).

Die stärkste Bindung eines Fremdatoms mit $A > 0$ liegt bei $\vartheta = 3\pi/2$ vor, d. h., die großen Fremdatome siedeln sich bevorzugt auf dem Ufer an, das der eingeschobenen Halbebene gegenüber liegt. Punktfehler mit $A < 0$ bevorzugen $\vartheta = \pi/2$. Für einfache Abschätzungen kann man einer Atomlage vom Radius R, die nach Defektbildung den Radius $(1 + \varepsilon)\,R$ aufweist, die Volumenänderung $\Delta V = 4\pi R^3\varepsilon$ zuschreiben und daher mit $A = (1 + \nu) \cdot R^3\varepsilon/3(1 - \nu)$ rechnen. Aus Messungen der Gitterkonstanten a_0 in Abhängigkeit von der Punktfehlerkonzentration c_i (vgl. Abb. 3.1) folgt $\varepsilon \approx (1/a_0)\,(\mathrm{d}a_0/\mathrm{d}c_i)$, wofür experimentelle Daten oft verfügbar sind.

Punktfehler ohne permanentes Verzerrungsfeld (z. B. Substitutions-Fremdatome mit gleichem Atomvolumen wie das Wirtatom) können unter dem Einfluß des Spannungsfeldes einer Versetzung Energie speichern, d. h. als dielastische Zentren wirken. Der hydrostatische Anteil p des Spannungstensors der Versetzung leistet beim Einfügen des Fremdatomes in den Kristall die Arbeit

$$E_{VP}^{(2)} = \frac{3(1-\nu)\,\chi(\chi-\chi')}{(1+\nu)\,\chi+2(1-2\nu)\,\chi'}\,p^2 v_{\mathrm{at}}, \qquad (3.30\,\mathrm{b})$$

wenn χ' bzw. χ die Kompressibilitäten von Fremdatom bzw. Matrix, ν die POISSONsche Konstante und v_{at} das Atomvolumen sind.

Im Unterschied zu (3.30a) ist hier die Ortsabhängigkeit mit $E_{VP}^{(2)} \sim r^{-2}$ stärker. Die Wechselwirkung (3.30b) ist abstoßend, wenn die Verunreinigung „härter" als die Matrix ist und anziehend im entgegengesetzten Fall. Wie auch bei den Überlegungen in 3.1.1 wird näherungsweise für χ' die Kompressibilität des kompakten Materials aus Atomen der eingefügten Sorte gesetzt.

In Ionenkristallen tritt zu den beiden Wechselwirkungsprinzipien (3.30a und b) das elektrostatischer Anziehung oder Abstoßung hinzu.[1]) Die mit einer Versetzung verbundene strukturelle Störung bedeutet, daß sich Ionenabstände und die Reihenfolge von Ladungen ändern. Stufenversetzungen und Sprünge in Versetzungen sind die wichtigsten Beispiele (s. Abb. 3.14B). Die maximale Wechselwirkungsenergie mit (geladenen) Punktfehlern hat die Größenordnung

$$E_{VP}^{(3)} \approx \frac{z_1 z_2 e^2}{4\pi\varepsilon_r\varepsilon_0 b}, \qquad (3.30\,\mathrm{c})$$

In Metallen ist dieser Anteil zwar auch vorhanden, aber vernachlässigbar klein (vgl. J. FRIEDEL).

wobei $z_1 e$ und $z_2 e$ die Überschuß-Ladungen von Sprung bzw. Versetzungslinie und Punktfehler (e Elementarladung), ε_r die relative Dielektrizitätskonstante des Kristalls, ε_0 die Influenzkonstante und b der BURGERS-Vektor sind.

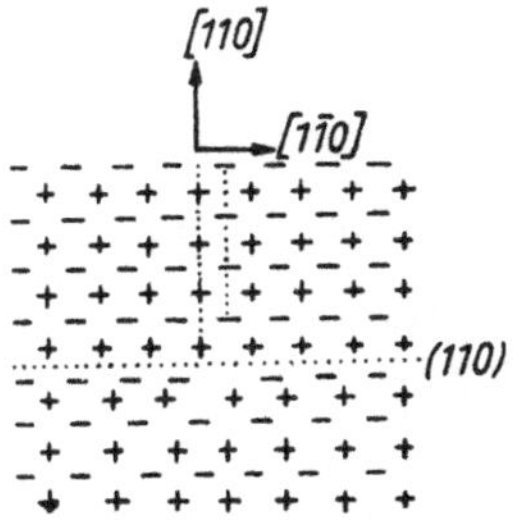

Abb. 3.14 B. a) Stufenversetzung in der NaCl-Struktur mit Gleitebene (110). + und − kennzeichnen die Lagen positiv und negativ geladener Ionen.

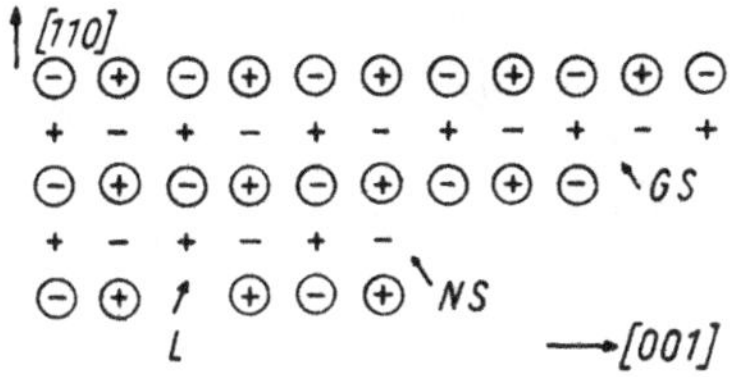

Abb. 3.14 B. b) Neutraler (NS) und geladener (GS) Sprung in einer Versetzungslinie der NaCl-Struktur. Bei L befindet sich eine Leerstelle. Die Skizze stellt die Projektion der beiden gestrichelten Halbebenen von 3.14 B, a) auf die (1$\bar{1}$0)-Ebene dar. Zur Unterscheidung sind die Ionen der einen durch Kreise markiert. Die Versetzungslinie verläuft entlang des unteren Randes der Anordnung (nach CAMAGNI).

3.2.11. Dynamik einzelner Versetzungen

Die nach 3.2.8 auf eine Versetzung wirkenden Kräfte lösen deren Verschiebung im Kristall aus mit einer, wie die Erfahrung lehrt, i. allg. konstanten Geschwindigkeit v bei konstanter Kraft bzw. Schubspannung. Im Falle

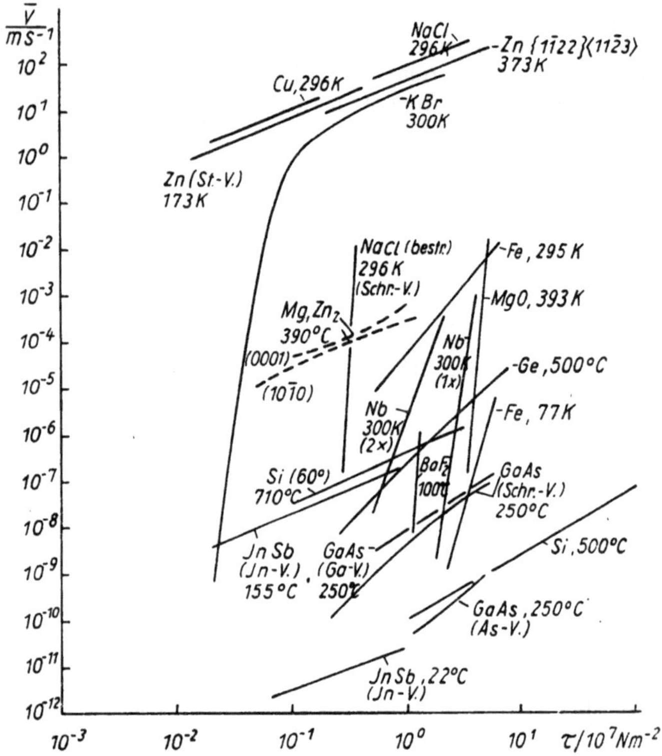

Abb. 3.15. Mittlere Versetzungsgeschwindigkeit $\bar{v}$ in Abhängigkeit von der Schubspannung τ für verschiedene Substanzen (St.-V. = Stufenversetzung, Schr.-V. = Schraubenversetzung, 60° = 60°-Versetzung; bestr. = bestrahlt; Parameter ist die Versuchstemperatur).

räumlicher oder/und zeitlicher Schwankungen der Schubspannung ist der Meßwert als Mittelwert $\bar{v} = l \Big/ \int_0^l \mathrm{d}x/v$ über den Laufweg l zu verstehen.

Abb. 3.15 enthält eine Zusammenstellung von Meßergebnissen $\bar{v}$ als Funktion der äußeren Schubspannung τ im Gleitsystem. Sie lassen sich überwiegend durch empirische Beziehungen der Form $\bar{v} = v_0(\tau/\tau_0)^m$ und $\bar{v} = v_c \exp(-D/\tau)$ beschreiben. Dabei sind die Parameter v_0, τ_0, m, v_c und D praktisch unabhängig von τ, z. T. aber abhängig von der Temperatur T, dem Druck p, dem Gehalt an Verunreinigungen u. a.

Auf folgende Gemeinsamkeiten sei aufmerksam gemacht. 1. Die Versetzungsgeschwindigkeiten variieren um zahlreiche Zehnerpotenzen in dem Spannungsbereich, der für die Aufnahme der makroskopischen Spannungs-Dehnungs-Beziehung (vgl. Abb. 5.3) überstrichen werden muß. 2. $v(\tau)$ kann offenbar bei der überwiegenden Zahl untersuchter Beispiele nicht über den gesamten Geschwindigkeitsbereich durch eine einheitliche Beziehung beschrieben werden. Bei hohen Geschwindigkeiten ist mit einem Wechsel des zugrundeliegenden Mechanismus zu rechnen. 3. Bei hohen Spannungen mündet die $\bar{v} - \tau$-Kurve in die zugehörige Schallgeschwindigkeit ein. 4. Die Beweglichkeiten $\bar{v}/\tau$ verschiedener Versetzungstypen können sich erheblich unterscheiden. 5. Im Bereich der kritischen Schubspannung τ_0 (vgl. 7.1.1.1) kann die Versetzungsgeschwindigkeit unter die Nachweisgrenze sinken. In vielen anderen Fällen, wie z. B. Wolfram und Kupfer, beobachtet man eine Versetzungsbewegung bereits unterhalb τ_0.[1])

Die Temperaturabhängigkeit von $\bar{v}$ kann meist durch $\bar{v} = v_1 \exp(-\Delta H/k_B T)$ mit der Aktivierungsenthalpie ΔH als substanzspezifischem Maß der von den Versetzungen zu überwindenden Energiebarriere dargestellt werden. Die Beziehung deutet auf thermische Aktivierung (vgl. 7.2.3) hin.

Das Verrückungsfeld der bewegten Versetzungen muß in linearer isotroper Kontinuumsnäherung wegen (2.50) und (2.46a) der Beziehung

$$\varrho \frac{\partial^2 \boldsymbol{u}}{\partial t^2} = \mu \frac{\partial^2}{\partial \boldsymbol{r}^2} \boldsymbol{u} + (\mu + \lambda) \frac{\partial}{\partial \boldsymbol{r}} \frac{\partial}{\partial \boldsymbol{r}} \cdot \boldsymbol{u} \qquad (3.31)$$

genügen.

---

[1]) In Cu z. B. bewegen sich Versetzungen bei $\tau \geqq 2 \cdot 10^4\ \mathrm{Nm^{-2}}$.

Für die Schraubenversetzung (3.11) nimmt (3.31) die Form der Wellengleichung für transversale Wellen (Geschwindigkeit $v_t = \sqrt{\mu/\varrho}$)

$$\left(\frac{\partial^2}{\partial x_1^2} + \frac{\partial^2}{\partial x_2^2}\right) u_3 = \frac{\varrho}{\mu} \frac{\partial^2 u_3}{\partial t^2} \tag{3.32}$$

an. Die Lösung im Falle gleichförmiger Bewegung der Versetzung mit $v_3 = v$ findet man wegen der Invarianz gegen LORENTZ-Transformation aus (3.11) zu

$$u_3(x_1, x_2, t) = \frac{b}{2\pi} \arctan\left(\frac{\sqrt{1 - v^2/v_t^2}\, x_2}{x_1 - vt}\right). \tag{3.33}$$

Entsprechend wird das Eigenspannungsfeld geschwindigkeitsabhängig

$$\begin{aligned} \sigma_{31} &= \mu \frac{\partial u_3}{\partial x_1} = -\frac{\mu b}{2\pi} \frac{\gamma x_2}{(x_1 - vt)^2 + \gamma^2 x_2^2}, \\ \sigma_{32} &= \mu \frac{\partial u_3}{\partial x_2} = \frac{\mu b}{2\pi} \frac{\gamma(x_1 - vt)}{(x_1 - vt)^2 + \gamma^2 x_2^2} \end{aligned} \tag{3.34}$$

mit $\gamma \equiv \sqrt{1 - v^2/v_t^2}$. v_t erweist sich als eine Grenzgeschwindigkeit, die Schraubenversetzungen nicht überschreiten können (vgl. z. B. HIRTH, LOTHE).

Die entsprechende Überlegung für Stufenversetzungen führt auf ein komplexeres Ergebnis. Hier existiert mit der RALEIGHschen Wellengeschwindigkeit $v_R = qv_t$ eine Barriere[1]), die jedoch unter bestimmten Umständen überschreitbar sein sollte (vgl. WEERTMANN 1969). Als obere Grenze fungiert die Geschwindigkeit longitudinaler Schallwellen $v_l = \sqrt{(\lambda + 2\mu)/\varrho}$.[2])

Die Lösungen von (3.31) geben keine Erklärung für den erwähnten Befund, daß Versetzungen unter Krafteinwirkung eine konstante mittlere Geschwindigkeit

---

[1]) $q = 0{,}87 \cdots 0{,}95$ für $\nu = 0 \ldots 0{,}5$.

[2]) In Cu ist z. B. $v_t = 2{,}25 \cdot 10^3$ m/s, $v_l = 4{,}56 \cdot 10^3$ m/s, $v_R = 2{,}12 \cdot 10^3$ m/s.

annehmen. Das ist nur als Folge einer Reibung zu verstehen, die den Versetzungen laufend Energie entzieht.[1])

Die Reibungskraft wird üblicherweise durch $K_R = -Bv$ beschrieben, wobei B bei Raumtemperatur etwa 10^{-5} bis 10^{-4} Pa · s erreicht. Die physikalischen Ursachen der Reibung können unterschiedlicher Natur sein, wie z. B. Streuung von Phononen an Versetzungen, Emission von Schallwellen durch bewegte Versetzungen, Anregung lokalisierter Schwingungszustände an Punktfehlern u. a. Für eine Übersicht sei auf ALSHITS, INDENBOM verwiesen.

3.2.12. Atomistisches Versetzungsmodell

Die bisherigen quantitativen Überlegungen gingen überwiegend vom Kontinuumsstandpunkt aus. Wenn auch diese Betrachtungsweise sehr erfolgreich werden konnte, bleiben doch einige wichtige Fragen unbeantwortet. Zum Beispiel diese: Weshalb bedarf es überhaupt einer von Null verschiedenen Spannung zur Bewegung einer Versetzung im sonst fehlerfreien Kristall?

Der wesentliche Unterschied eines atomistischen Versetzungsmodells gegenüber dem Kontinuumsmodell besteht darin, daß im ersteren diskret verteilte Kraftzentren mit Kristallsymmetrie vorliegen. Wir wollen hier an einem einfachen Modell die Wirkung derartiger Zentren auswerten. Die entscheidenden Überlegungen gehen auf das eindimensionale Modell einer Versetzung nach FRENKEL und KONTOROVA zurück.

3.2.12.1. Grundgleichung und statische Lösung

Das FRENKEL-KONTOROVA-Modell besteht aus einer Kette von Teilchen der Masse m, die durch Federn der

---

[1]) Die Geschwindigkeit unter dem Einfluß der konstanten Schubspannung τ und der Reibungskraft $-Bv$ ist $v(t) = (b\tau/B)(1 - \exp[-Bt/m])$. Wegen der kleinen effektiven Masse $m = \varrho b^2 \ln(r_1/r_0)/4\pi$ einer Versetzung (ϱ Massendichte; r_1, r_0, b vgl. 3.2.8) ist die Beschleunigungsphase $\dot{v} \neq 0$ nicht meßbar.

Federkonstante α miteinander gekoppelt sind und die sich in einem periodischen Potential U ggf. unter dem Einfluß äußerer Kräfte F bewegen können (s. Abb. 3.16).

Die Teilchen repräsentieren die Kristallbausteine (Gitterkonstante a) in Richtung des BURGERS-Vektors, die Federn α deren Wechselwirkung in Gleitrichtung, und U enthält die Wirkung der Kristallbausteine jenseits der Gleitebene, wobei hier noch angenommen wird, daß diese während des Gleitvorganges nicht verschoben werden.

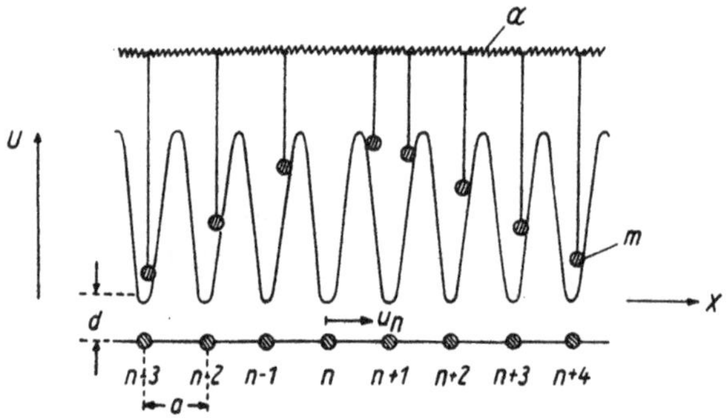

Abb. 3.16. Zum FRENKEL-KONTOROVA-Modell. Die untere Atomreihe ruht und erzeugt das Potential U, in dem sich die obere bewegen kann.

Die Bewegungsgleichung des n-ten Teilchens mit der Verrückung in Kettenrichtung[1]) aus der Ruhelage hat somit die Form

$$m\ddot{u}_n = \alpha(u_{n+1} - 2u_n + u_{n-1}) - \frac{\mathrm{d}U}{\mathrm{d}u_n} + F, \qquad n = \ldots, -1, 0, 1, \ldots, \tag{3.35}$$

wo $u_n = x_n - na$ und x_n den Abstand des n-ten Atoms vom Koordinatenursprung bedeuten.

[1]) Nicht senkrecht dazu, in Abb. 3.16 ist nach oben die Energie abgetragen!

Selbst Gl. (3.35) ist trotz der Vereinfachungen i. allg. nicht geschlossen lösbar. Wir wollen daher weiter annehmen, daß die Verrückungen u_n nur langsam mit der Teilchennummer n variieren. Dann darf $u_n(t)$ durch $u(n, t)$ ersetzt und zur kontinuierlichen Ortsvariablen $x = na$ übergegangen werden. (3.35) nimmt die Gestalt der Wellengleichung für das elastische Seil mit Linienspannung αa und Masse/Länge $= m/a$

$$\left[\alpha a \frac{\partial^2}{\partial x^2} - \frac{m}{a} \frac{\partial^2}{\partial t^2}\right] u(x, t) = \frac{1}{a} \frac{\mathrm{d}U}{\mathrm{d}u} - \frac{F}{a} \tag{3.36}$$

an.

Wir interessieren uns für statische Lösungen $\partial/\partial t = 0$.[1]) Diese können in Integralform

$$x - x_0 = a \sqrt{\frac{\alpha}{2}} \int \frac{\mathrm{d}u}{\pm\sqrt{U - Fu + C_1}} \tag{3.37}$$

mit den Integrationskonstanten x_0 und C_1 geschrieben werden. Um zu einer expliziten Lösung von (3.37) zu gelangen, geben wir ein einfaches Potential $U(u) = (U_0/2)\big(1 - \cos(2\pi u/a)\big)$ vor und begnügen uns mit dem Fall verschwindender äußerer Kräfte $F = 0$. Damit wird

$$u(x) = \frac{2a}{\pi} \operatorname{arc\,tan} \{e^{\pm\pi(x - x_0)/w_0}\}$$

mit (3.38)

$$w_0 \equiv a \sqrt{\alpha a^2/2U_0} \text{ und } C_1 = -U(0) = -U(a).$$

(3.38) stellt einen Verrückungszustand dar, den wir als eindimensionales Analogon einer Stufenversetzung ansehen können.

---

[1]) (3.36) ist invariant gegenüber LORENTZ-Transformationen, da die rechte Seite nur von u abhängt. Die statische Lösung ist daher mit der zeitabhängigen über $u = u([x - vt]/\sqrt{1 - v^2/v_S^2}$ verknüpft, wo $v_S = \sqrt{\alpha a^2/m}$ die Bedeutung der Schallgeschwindigkeit dieses Modells und v die der konstanten Versetzungsgeschwindigkeit hat (s. z. B. SEEGER, SCHILLER).

Im Versetzungskern als Ort stärkster Störung (vgl. 3.2.2) wird $u(x_0) = a/2$. Das obere Vorzeichen entspricht einer positiven Versetzung, das untere einer negativen. Die Breite des gestörten Kristalls beläuft sich auf $w_0 = a/|(\mathrm{d}u/\mathrm{d}x)|_{x_0}$ (vgl. Abb. 3.17). Sie ist um so kleiner, je höher die Potentialberge und je schwächer die Kopplung benachbarter Teilchen ist. Nach (3.38) wird ein „Kristall"bereich mit praktisch verschwindender Verrückung der Teilchen von einem anderen mit der Verrückung a durch die Versetzungslinie getrennt. Die Verschiebung der Versetzungslinie $x_0 \to x_0'$ hat zur Folge, daß Bereiche mit $u = 0$ in solche mit $u = a$ übergehen oder umgekehrt, d. h., daß die beiden „Netzebenen" nach dem Versetzungsdurchlauf um einen Betrag $a = b$ (BURGERS-Vektor) gegeneinander verschoben werden. Die lineare Kette auf rauher Unterlage besitzt demnach stabile Lösungen vom Typ einer Versetzung.

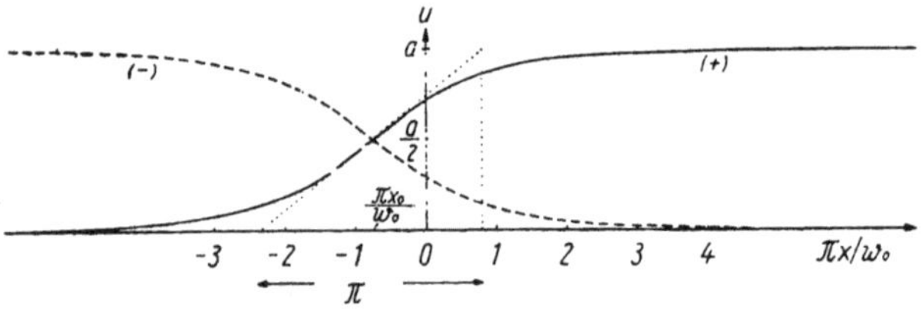

Abb. 3.17. Statische Lösung des FRENKEL-KONTOROVA-Modells (Versetzungsweite w_0, (+) positive und (−) negative Versetzungs„linie" bei $x = x_0$).

Wird die Beschränkung $F = 0$ fallengelassen, läßt sich (3.35) geschlossen nur für homogene Verrückung $u = \bar{u}$ lösen, wobei $\bar{u}$ aus $(\mathrm{d}U/\mathrm{d}u)_{\bar{u}} = F$ gewonnen werden muß. Im statischen Gleichgewicht muß $|F| \leqq |\mathrm{d}U/\mathrm{d}u|_{\max} \equiv U'_{\max}$ gelten. Teilchenbewegung über Abstände $\geq a$ setzt erst ein, wenn die sog. theoretische Schubfestigkeit des Modells $F_{\mathrm{th}} = U'_{\max}$ erreicht und überschritten ist.

In der (gedachten) zweidimensionalen Fortsetzung des Modells können die Schubspannung $\tau \equiv F/ac'$ und die Scherung $\gamma \equiv u/d$ definiert (c' Längeneinheit senkrecht zur Bildebene) und dem System ein Schubmodul G über

$\tau = G\gamma = GF/U''(0)\,d$ zugeordnet werden.[1]) Die zu F_{th} gehörige Schubspannung ist $\tau_{th} = GU'_{max}/U''(0)\,d$.
Für das harmonische Potential, das zu (3.38) führte, erhält man als theoretische Scherfestigkeit

$$\tau_{th} = \frac{aG}{2\pi d}. \tag{3.39}$$

Auf dieser Vorstellung homogener Scherung beruhte die erste Abschätzung des Scherwiderstandes in den 20iger Jahren, die um 3—4 Zehnerpotenzen höher ausfiel als der experimentelle Wert.[2]) Qualitativ richtig wird die Erfahrung beschrieben, daß niedrigindizierte Netzebenen (d groß) kleine Scherfestigkeiten aufweisen.

Läßt man inhomogene Verteilung der $u(n)$ zu, wie sie mit der Versetzungs-Lösung (3.38) verbunden ist, dann reichen wesentlich geringere $\tau \ll \tau_{th}$ zur Verschiebung der Kette aus. Das war auch das entscheidende Argument für die Versetzungshypothese von Orowan, Polanyi und Taylor (vgl. Schulze 1977).

3.2.12.2. Energie und Scherfestigkeit

Wir geben noch die Energie E_{ges} der linearen Kette mit ruhender Versetzung (vgl. 3.2.12.1) an. Sie setzt sich im kräftefreien Fall in der Näherung großer Versetzungsweiten $w_0 \gg a$ aus $E_\alpha \approx (\alpha a/2) \int_{-\infty}^{+\infty} (\partial u/\partial x)^2\,dx$ und $E_u \approx (1/a) \int_{-\infty}^{+\infty} U(u)\,dx$ additiv zusammen, wobei E_α die Energie der Kopplungsfedern und E_u die potentielle Energie der

---

[1]) Wegen $U(u) = U(0) + \frac{1}{2} u^2 U''(0) + \ldots$ wird $dU/du = uU''(0)$ und $\bar{u} = (dU/du)_{\bar{u}}/U''(0)$.

[2]) In diesem Sinne liegt τ_{th} eine sehr unzulängliche Theorie zugrunde. Daß man trotz vorhandener wesentlich erfolgreicher Theorien τ_{th} noch als theoretische Scherfestigkeit bezeichnet, liegt wohl an dem Wunsch, die naive Vorstellung homogener Scherung aus didaktischen Gründen nicht in Vergessenheit geraten zu lassen.

Teilchen in U ist. Die Auswertung führt unter den genannten Bedingungen zu dem Ergebnis (vgl. SEEGER, SCHILLER)

$$E_{\text{ges}} = \frac{a}{\pi} \sqrt{2\alpha U_0} - a^2\alpha \cdot 3{,}048\, e^{-\pi w_0/a} \cos\left(2\pi \frac{x_0'}{a}\right), \tag{3.40}$$

wobei $x_0' = na + a/2 - x_0$ den Ort der Versetzungslinie (von der Mitte zwischen zwei Teilchen der Unterlage aus gemessen) angibt. Die Energie des Systems schwankt periodisch mit dem Versetzungsort um einen Mittelwert. Zur Verschiebung der Versetzung um Beträge $\geqq a$ ist mindestens der Energieunterschied

$$\Delta E = E_{\text{ges}}\left(x_0' = \frac{a}{2}\right) - E_{\text{ges}}\,(x_0' = 0), \tag{3.41}$$

die sog. PEIERLS-Energie aufzubringen. Die jeweils erforderliche Schubspannung (im zweidimensional fortgesetzten Modell, vgl. 3.2.12.1) beträgt

$$\tau = -\frac{1}{ac'} \frac{\partial E_{\text{ges}}}{\partial x_0'}. \tag{3.42}$$

Ihr Maximalwert wird als PEIERLS-Spannung τ_p bezeichnet.[1]) Für das (3.40) zugrunde liegende sinusförmige Potential ergibt sich

$$\tau_p \approx 12\pi \frac{G}{1-\nu} \frac{d}{a} e^{-\pi w_0/a}.\,^{2)} \tag{3.43}$$

---

[1]) Unter der Wirkung einer Schubspannung $\tau < \tau_p$ kann die Versetzungslinie als Ganzes den Potentialberg nicht überwinden. Gleitbewegung ist trotzdem möglich durch Kinkenbildung (vgl. 3.2.12.3), die eine Energie $W_k = (2a/\pi)\,(2ab\tau_p \times k_L/\pi)^{1/2}$ erfordert, wo b BURGERS-Vektor und k_L Linienspannung sind.

[2]) Hierbei wurde von der Beziehung $E/(1-\nu^2) = \alpha a/c'd$ (vgl. INDENBOM) und Tab. 2.3 auf Seite 37 Gebrauch gemacht.

Das Modell erlaubt trotz seiner offenkundigen Schwächen folgende wichtige Schlußfolgerungen, die auch von aufwendigeren dreidimensionalen Rechnungen bestätigt werden: Es existiert eine von Null verschiedene Spannung, um eine (gerade) Versetzung durch den sonst fehlerfreien Kristall zu treiben. Sie ist wesentlich kleiner als die theoretische Schubfestigkeit τ_{th} und hängt empfindlich von der Versetzungsweite w_0 ab.

Für die Besprechung detaillierter Modelle muß auf NABARRO; HIRTH, LOTHE; SEEGER, SCHILLER verwiesen werden. Leider sind quantitative Angaben, besonders bei Metallen, wegen nicht hinreichend genau bekannter Potentiale noch immer recht unsicher.

Das der Versetzung zugrunde liegende Prinzip ist in der Natur auch an anderer Stelle verwirklicht. Man braucht nur an die Fortbewegung von Raupen, Würmern und Schlangen zu denken oder aber daran, wie z. B. ein großer Teppich oder ein dickes Seil im ausgerollten Zustand mit geringem Kraftaufwand verschoben werden kann.

3.2.12.3. Kinken

Im Anschluß an das Ergebnis von Abschn. 3.2.12.2. wollen wir noch einen für das Verständnis der Versetzungsdynamik wesentlichen Begriff einführen, den der Kink. Eine Versetzungslinie liege in zwei benachbarten Potentialmulden (PEIERLS-Tälern) (vgl. Abb. 3.18). Das Übergangsstück der Ausdehnung w heißt Kink. Seine Form wird bestimmt durch die gegensätzliche Wirkung von Linienspannung (vgl. (3.24)) und E_{ges} (vgl. 3.2.12.2). Die

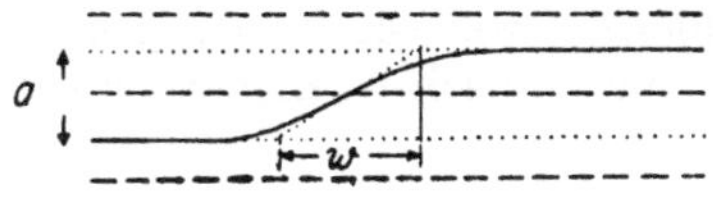

Abb. 3.18. Kink der Weite w in einer Versetzungslinie (ausgezogen). Die Potentialtäler sind punktiert, die -berge gestrichelt gezeichnet. Je länger das Übergangsstück w, desto höher die Energiebeträge E_{ges} und um so kleiner die Linienspannung.

Lösung des FRENKEL-KONTOROVA-Modells (3.38) kann auch als Kink interpretiert werden, wenn x die Koordinate entlang der praktisch geraden Versetzungslinie und u die Verrückung in der Gleitebene senkrecht zur Versetzungslinie ist.[1])

Auf die Kink wirkt die Kraft

$$F_k = ab\tau, \tag{3.44}$$

wenn τ die Schubspannung im Gleitsystem mit BURGERS-Vektor b ist.

Bei genügend hohen Temperaturen können infolge thermischer Aktivierung (vgl. 7.2.3) Kinkenpaare entgegengesetzten Vorzeichens entstehen (Abb. 3.19).[2]) Ein Auseinanderlaufen nach den Seiten hat die Überführung der gesamten Versetzungslinie von einem Tal in das andere zur Folge.

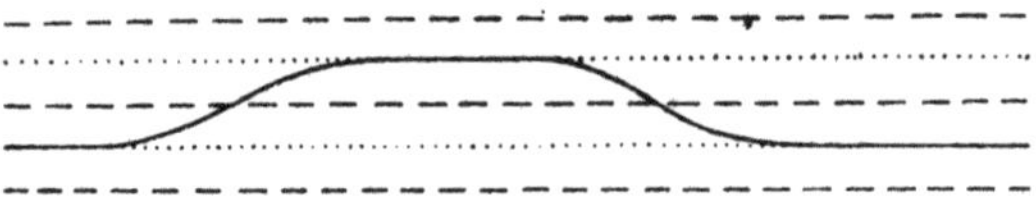

Abb. 3.19. Doppelkink als Kinkenpaar entgegengesetzten Vorzeichens.

3.3. *Korngrenzen, Stapelfehler*

Innere Grenzflächen beeinflussen so wichtige Eigenschaften des Festkörpers wie Diffusion, Rekristallisation und Kornwachstum, Versetzungsbewegung, Segregation von Punktfehlern, Rißentstehung, Korrosion, Keimbildung neuer Phasen u. a. Wir beschränken uns im folgenden auf die Besprechung einiger Eigenschaften von Korngrenzen und Stapelfehlern, soweit sie für ein grundlegendes Verständnis der mechanischen Eigenschaften notwendig sind.[3])

---

[1]) Man vergleiche die Abbn. 3.18 und 3.17!

[2]) Auch eine derartige sog. Doppelkink ist Lösung von (3.36) (s. SEEGER, SCHILLER).

[3]) Für eine Einführung in die Geometrie dieser Störungen vgl. PAUFLER/LEUSCHNER.

3.3.1. Grenzflächenenergie und Grenzflächenspannung

Die Bildung einer Grenzfläche im Festkörper ist gleichbedeutend mit einer Störung der Idealstruktur und damit der Bindungen zwischen den Atomen. Sie erfordert einen Aufwand an freier Enthalpie dG, der — bezogen auf die gebildete Fläche[1]) — als spezifische Grenzflächenenergie

$$\gamma_{GF} \equiv \frac{dG}{dA} \qquad (3.45)$$

bezeichnet wird. Der Zustand der angrenzenden Phasen werde durch die Grenzflächenbildung nicht verändert. γ_{GF} hängt zwar von der kristallographischen Orientierung ab, ist aber eine skalare Größe.

Im Festkörper können Grenzflächen Spannungen aufnehmen. Eine Flächenvergrößerung ist demnach auch durch elastische Deformation möglich. Im allg. ist der Aufwand an reversibler Arbeit hierbei verschieden von dem, die Grenzfläche durch bloßes Umordnen der Atome zu bilden. Werden beide Prozesse zugelassen, beträgt die Arbeit zur Vergrößerung einer Grenzfläche um dA

$$dW = \hat{\sigma}\, dA = \gamma_{GF}\, dA + A\, d\gamma_{GF} \qquad (3.46)$$

mit $\hat{\sigma}$ als Grenzflächenspannung (Dimension: Kraft/Länge!). Da die Änderung dγ_{GF} von der Orientierung des

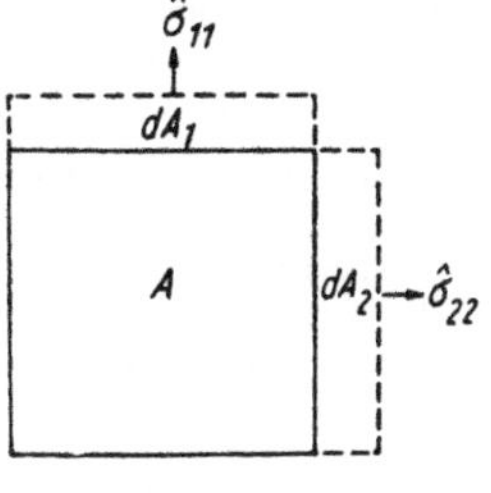

Abb. 3.20. Zur Definition der Grenzflächenspannungen $\hat{\sigma}_{11}$, $\hat{\sigma}_{12}$.

[1]) Die Bildung erfolge reversibel und isotherm.

Flächenelementes abhängen kann (vgl. Abb. 3.20), ist $\hat{\sigma}$ ein Tensor zweiter Stufe,

$$\hat{\sigma}_{ij} = \gamma_{\mathrm{GF}}\delta_{ij} + A\,\frac{\mathrm{d}\gamma_{\mathrm{GF}}}{\mathrm{d}A_{i(j)}}, \quad i, j = 1, 2, (3)\,^{1)} \tag{3.47}$$

dessen Komponenten $\hat{\sigma}_{11}$ und $\hat{\sigma}_{22}$ im Falle von Grenzflächen mit höherer als dreizähliger Symmetrie gleich sind: $\hat{\sigma}_{11} = \hat{\sigma}_{22} = \hat{\sigma}$. Für eine Vielzahl untersuchter Systeme, besonders bei Großwinkelkorngrenzen mit starker Fehlpassung, ist in guter Näherung

$$\hat{\sigma} \approx \gamma_{\mathrm{GF}} \tag{3.48}$$

und damit auch mit dem Temperaturkoeffizienten der Grenzflächenspannung $-(\partial\hat{\sigma}/\partial T) = \Delta S_{\mathrm{GF}}$ ein Maß für die Grenzflächenentropie gegeben.

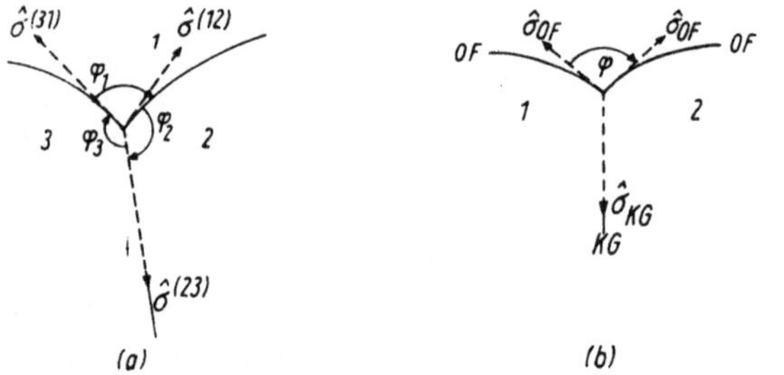

Abb. 3.21. (a) Zusammentreffen dreier Korngrenzen, die im Gleichgewicht die Winkel φ_i einschließen, in einer gemeinsamen Schnittlinie. Für die Grenzflächenspannungen gilt $\hat{\sigma}^{(12)}/\sin\varphi_3 = \hat{\sigma}^{(23)}/\sin\varphi_1 = \hat{\sigma}^{(31)}/\sin\varphi_2$ als Spezialfall der Gleichgewichtsbedingung nach HERRING $\sum_i (\gamma_{\mathrm{GF}}^{(i)}\,\boldsymbol{t}_i + \partial\gamma_{\mathrm{GF}}^{(i)}/\partial\boldsymbol{t}_i) = 0$, wenn γ_{GF} näherungsweise als orientierungsunabhängig angesehen wird und $\gamma_{\mathrm{GF}}^{(1)} \approx \hat{\sigma}^{(23)}, \gamma_{\mathrm{GF}}^{(2)} \approx \hat{\sigma}^{(31)}, \gamma_{\mathrm{GF}}^{(3)} \approx \hat{\sigma}^{(12)}$. $\boldsymbol{t}_i$ ist der Einheitsvektor in der Zeichenebene, der vom Knotenpunkt weg zeigt und in der Ebene der Grenzfläche i zwischen j und k liegt. (b) Gleichgewichtsform einer freien Oberfläche OF in der Umgebung einer Korngrenze KG. In diesem Falle ist $\hat{\sigma}_{\mathrm{KG}} = \hat{\sigma}_{\mathrm{OF}}\,2\cos(\varphi/2)$.

[1]) Fällt die Grenzfläche nicht mit einer Spiegelebene zusammen, tritt auch $i, j = 3$ auf (vgl. MULLINS).

Experimentelle Angaben beziehen sich häufig auf Werte von γ_{GF} für die Grenzfläche Festkörper-Dampfphase (sog. Oberflächenenergie γ_{OF}).

Zahlenwerte von γ_{OF}, der Korngrenzenenergie $\gamma_{GF} = \gamma_{KG}$ und der Oberflächenentropie $\Delta S_{GF} = \Delta S_{OF}$ enthält Tab. 3.3.[1]) Zwei typische Anwendungsbeispiele des Begriffes der Grenzflächenspannung sind in Abb. 3.21 skizziert.

Tabelle 3.3

Oberflächenenergie γ_{OF}, Korngrenzenenergie γ_{KG} und Oberflächenentropie ΔS_{OF} einiger Festkörper (nach H. JONES; MCLEAN (1957); HONDROS)

Substanz	γ_{OF}*)/Jm^{-2}	γ_{KG}/Jm^{-2}	$\Delta S_{OF}/10^{-3}$ Jm^{-2}K
Ag	1,12	0,399	0,4
Al	1,08	0,625	
Au	1,39	0,390	0,5
Be	0,90		
Co	1,95	0,650	
Cr	2,30	0,980	
Cu	1,72	0,646	0,5
δ-Fe	2,08	0,795	1,5
Mo	1,96	0,765	
Nb	2,26	0,756	
Ni	1,81	0,770	1,1
Pt	2,28	0,780	
Sn	0,68	0,160	
Ta	2,50		
Ti	1,69		
W	2,65	1,070	
Zn	0,83		
KCl	0,127	0,140	

*) Am Schmelzpunkt.

3.3.2. *Geometrie von Kleinwinkelkorngrenzen*

Eine Korngrenze werde durch den Vektor der Verdrehung $\boldsymbol{\vartheta} = \vartheta \boldsymbol{e}_\vartheta$ und den Normalenvektor der Grenzfläche $\boldsymbol{n}_G$ festgelegt ($|\boldsymbol{n}_G| = 1$, also 5 Freiheitsgrade).

[1]) Werden z. B. für Probleme des Hochtemperaturkriechens dünner Schichten und der Rißentstehung benötigt.

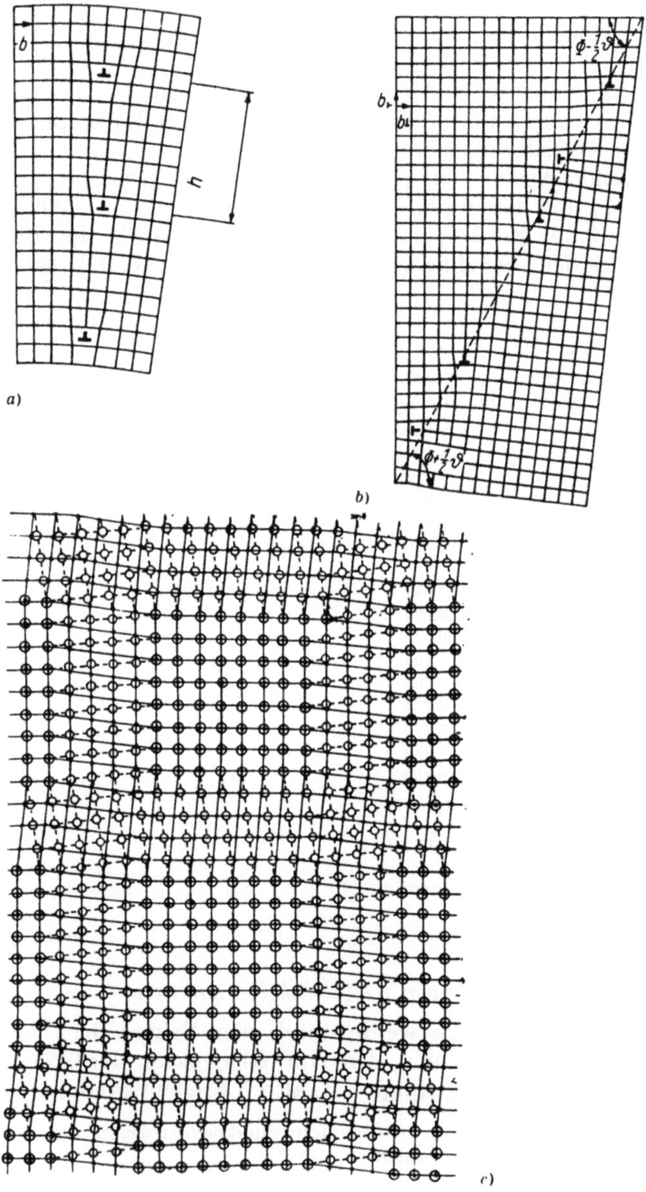

a) b) c)

Bei nicht zu großen Verkippungen ϑ der angrenzenden Kristallbereiche lassen sich in den Korngrenzen Versetzungen einzeln nachweisen. Die Strukturen von Kipp- und Drehkorngrenzen sind in Abb. 3.22 schematisch wiedergegeben, um die Wirkung dieser Versetzungen zu illustrieren.

Ein quantitatives Maß für den Gehalt an Versetzungen kann man auch hier (vgl. 3.2.1) über den BURGERS-Umlauf gewinnen.

Abb. 3.23 macht das deutlich. Soll der Umlauf nur durch gutes Kristallgebiet führen, muß er die Grenz-

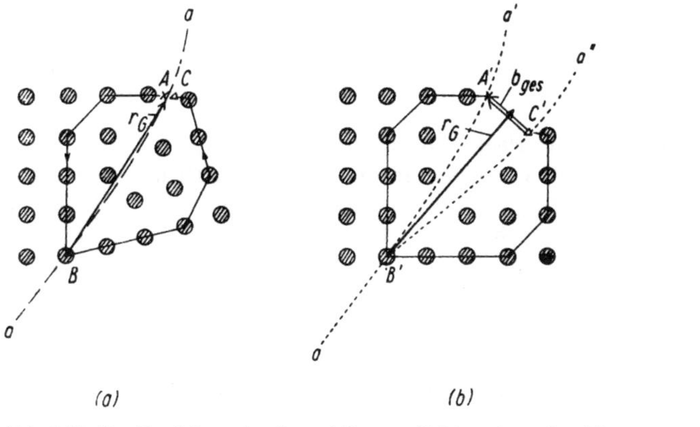

Abb. 3.23. Zur Ermittlung des Gesamt-Burgers-Vektors $\boldsymbol{b}_{ges}$ einer Korngrenze $a - a$. Der Umlauf ABC in (a) wird auf $A'B'C'$ in (b) abgebildet. Dabei ist jeder der beiden Kristallteile um $\vartheta/2$ um eine Achse $\boldsymbol{e}_\vartheta$ senkrecht zur Bildebene gedreht worden (b) entspricht dem Bildkristall in Abb. 3.2b.

←
Abb. 3.22. (a) Symmetrische, (b) unsymmetrische Kippkorngrenze im einfach kubischen Gitter. Die Lage der Stufenversetzungslinien, die die Bildebene senkrecht durchstoßen, ist durch ⊥ markiert. (c) Drehkorngrenze parallel zur Bildebene, die durch aufeinander senkrecht stehende Systeme paralleler Schraubenversetzungslinien gebildet wird. Kreise bezeichnen Atomlagen oberhalb, Punkte unterhalb der Korngrenzenfläche (nach READ).

fläche an Punkten durchstoßen, die beiden Kristallkörnern zwanglos zugeordnet werden können. Die zwei Durchstoßpunkte werden vom Vektor $\boldsymbol{r}_G$ verbunden. Der Schließungsfehler im Idealkristall, also der BURGERS-Vektor der Korngrenze $\boldsymbol{b}_{ges}$, ergibt sich nach Abb. 3.23 zu[1])

$$\boldsymbol{b}_{ges} = 2\boldsymbol{r}_G \times \boldsymbol{e}_\vartheta \sin(\vartheta/2).^{2)} \tag{3.49}$$

Er hängt von der Wahl des Umlauf„durchmessers" $\boldsymbol{r}_G$ ab und hat die Bedeutung einer Summe der BURGERS-Vektoren aller vom Umlauf umschlungenen Versetzungslinien $\boldsymbol{s}_i$, $\boldsymbol{b}_i$,

$$\boldsymbol{b}_{ges} = \sum_i N_i \boldsymbol{b}_i . \tag{3.50}$$

Die symmetrische Kippkorngrenze (vgl. Abb. 3.22(a)) besteht aus Versetzungen mit gleichem BURGERS-Vektor. Daher ist $\boldsymbol{b}_{ges} = N\boldsymbol{b}$ und wegen $\boldsymbol{n}_G \cdot \boldsymbol{r}_G = 0$ bzw. $\boldsymbol{r}_G \cdot \boldsymbol{\vartheta} = 0$ weiterhin $\boldsymbol{b} \times \boldsymbol{n}_G = 0$ und $\boldsymbol{\vartheta} \cdot \boldsymbol{n}_G = 0$. Dieser Typ der Kleinwinkelkorngrenze muß folglich aus Stufenversetzungen mit $\boldsymbol{b} \cdot \boldsymbol{s} = 0$ aufgebaut sein.

Die Dichte der Versetzungen in der symmetrischen Kippkorngrenze beläuft sich nach (3.49) auf $\varrho_V = N/|\boldsymbol{r}_G| = 1/h = (2/b) \sin(\vartheta/2)$ falls $\boldsymbol{r}_G \cdot \boldsymbol{\vartheta} = 0$ gewählt wurde.

Entsprechend ist eine unsymmetrische Kippkorngrenze mit zwei verschiedenen Versetzungstypen (vgl. Abb. 3.22 (b)) bei kleinen Verkippungswinkeln $\boldsymbol{\vartheta}$ durch

$$N_1\boldsymbol{b}_1 + N_2\boldsymbol{b}_2 = \frac{(\boldsymbol{n}_G \times \boldsymbol{e}_\vartheta) \times \boldsymbol{e}_\vartheta \, |r_G| \, \vartheta}{|\boldsymbol{n}_G \times \boldsymbol{e}_\vartheta|} \tag{3.51}$$

charakterisiert.

---

[1]) Diese Beziehung geht auf F. C. FRANK zurück.

[2]) Für kleine ϑ gilt $\boldsymbol{b}_{ges} \approx \boldsymbol{r}_G \times \boldsymbol{e}_\vartheta \vartheta = \boldsymbol{r}_G \times \boldsymbol{\vartheta}$.

Die Drehkorngrenze (vgl. Abb. 3.22(c)) aus 2 Versetzungstypen hat die Eigenschaft $\boldsymbol{e}_\vartheta = \boldsymbol{b}_1 \times \boldsymbol{b}_2/|\boldsymbol{b}_1 \times \boldsymbol{b}_2|$ und $\boldsymbol{n}_G = \boldsymbol{e}_{S1} \times \boldsymbol{e}_{S2}$. Sie ist eine reine Drehkorngrenze für $\boldsymbol{n}_G \times \boldsymbol{e}_\vartheta = 0$, andernfalls heißt sie gemischt.

3.3.3. *Spannungsfelder von Kleinwinkelkorngrenzen*

In der Umgebung von Kleinwinkelkorngrenzen überlagern sich die Spannungsfelder aller beteiligten Versetzungen (vgl. 3.2.7.). Im Falle der Kippkorngrenze mit Stufenversetzungen im Abstand h voneinander (vgl. Abb. 3.22) beträgt die Schubspannung

$$\sigma_{12} = \frac{Gb}{2\pi(1-\nu)} \sum_{n=-\infty}^{\infty} \frac{x_1(x_1^2 - (x_2+nh)^2]}{x_1^2[x_1^2 + (x_2+nh)^2]}$$

$$= \frac{Gb}{2\pi(1-\nu)} \frac{\pi^2 x_1}{h} \frac{\cosh\left(\frac{2\pi x_1}{h}\right)\cos\left(\frac{2\pi x_2}{h}\right) - 1}{2\left[\sinh^2\left(\frac{\pi x_1}{h}\right) + \sin^2\left(\frac{\pi x_2}{h}\right)\right]^2}$$

$$\approx \frac{Gb}{2\pi(1-\nu)} \frac{\pi^2 x_1}{h^2} 4\mathrm{e}^{-\left(\frac{2\pi x_1}{h}\right)} \cos\left(\frac{2\pi x_2}{h}\right). \tag{3.52}$$

Die letzte Zeile stellt eine Näherung in großen Abständen $x_1 \gg h$ von der (unendlich ausgedehnten) Wand dar. Offenbar fällt das Spannungsfeld der Korngrenze sehr viel stärker nach außen ab als das der Einzelversetzung, weil sich die einzelnen Beiträge praktisch kompensieren. Mit wachsendem Verkippungswinkel nimmt die Reichweite des Spannungsfeldes ab. $2h$ ist etwa ein Maß für den Wirkungsbereich einer solchen Störung im Kristall.

Für die Behandlung anderer Spezialfälle vgl. z. B. GRABSKI.

3.3.4. *Energie von Kleinwinkelkorngrenzen*

Wegen der in 3.3.3 erwähnten Kompensation der Spannungsfelder gelingt eine einfache Abschätzung der Energie einer Kleinwinkelkorngrenze am Beispiel der Kippkorngrenze. Jede Versetzung ist vom eigenen Spannungsfeld bis zu einem Abstand $\approx h$ umgeben. Nach (3.20) beläuft sich demnach ihr Energiebeitrag auf

$$E_{\mathrm{el}}/L = \frac{Gb^2}{4\pi(1-\nu)} \ln \frac{h}{r_0}. \qquad (3.53)$$

Mit $\vartheta \approx b/h$ erhält man als Grenzflächenenergie

$$\gamma_{\mathrm{GF}} = \frac{E_{\mathrm{el}}/L}{h} = \gamma_0 \vartheta (A - \ln \vartheta) \qquad (3.54)$$

mit $\gamma_0 = Gb/4\pi(1-\nu)$ und $A = \ln (b/r_0)$. Bei einem Winkel ϑ_m durchläuft γ_{GF} ein Maximum γ_m in Übereinstimmung mit dem Experiment (s. Abb. 3.24). Für Sn ist z. B. $\vartheta_m = 12{,}2°$, für Pb 25,0° gefunden worden.

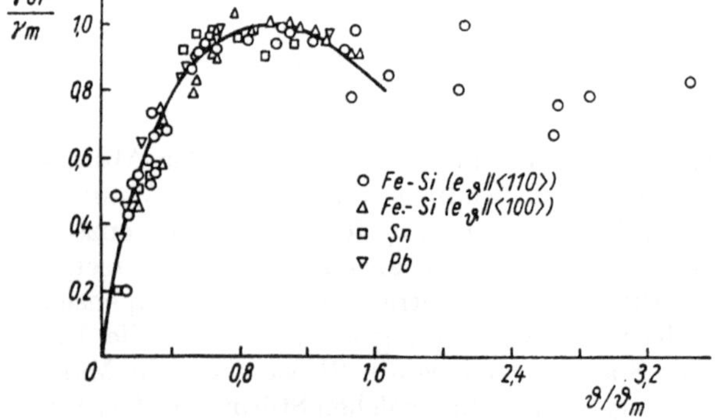

Abb. 3.24. Vergleich der Winkelabhängigkeit der Korngrenzenenergie nach (3.54) mit experimentellen Ergebnissen (nach GRABSKI)

3.3.5. *Großwinkelkorngrenzen*

Für $h < b$ oder praktisch $\vartheta > \vartheta_m$ verliert das (3.54) zugrunde liegende Modell seine Gültigkeit. Die Individualität der Versetzungen ist meist schon bei Winkeln $\vartheta > 4°$ nicht mehr spürbar. Für Vorstellungen zur Struktur der Großwinkelkorngrenzen wird auf PAUFLER/LEUSCHNER verwiesen. Oberhalb ϑ_m hängt γ_{GF} nur noch schwach vom Verkippungswinkel ϑ ab, ausgenommen einige Kominzidenzorientierungen, wie z. B. einfache Zwillings-Grenzkonfigurationen (vgl. 11.1) mit deutlichem Energieabfall. Der direkte Nachweis ist schwierig, dagegen liegen zahlreiche indirekte Belege vor, wie z. B. die starke Erhöhung der Diffusionsgeschwindigkeit in der Umgebung dieser geometrisch ausgezeichneten Winkel (vgl. HÄSSNER).

3.3.6. *Bewegung von Korngrenzen*

Kleinwinkelkorngrenzen können sich senkrecht zur Grenzfläche dadurch verschieben, daß die in ihnen enthaltenen Versetzungen simultane Gleitbewegungen ausführen oder über Bildung von Doppelkinken nacheinander ihre Lage ändern (vgl. Abb. 3.25). Großwinkelkorngrenzenbewegung hat man sich zustande gekommen zu denken durch Diffusion der Atome von einem Ufer der Korngrenze zum anderen. Demzufolge ist die Verschiebungsgeschwindigkeit der letzteren wie die Diffusion selbst empfindlich temperaturabhängig in der Form

$$v_{KG} = v_0 \, e^{-Q/k_B T} \qquad (3.55)$$

mit Q als Aktivierungsenthalpie und v_0 als temperaturunabhängigem Parameter[1]) der Korngrenzengeschwin-

[1]) v_0 enthält als Faktor die äußere Kraft/Fläche $f_a = f_v \varrho_v$ mit f_v als Kraft pro Länge der Versetzungslinie und ϱ_v als Versetzungsdichte, wobei $f_v \approx f_a \, b/\vartheta$.

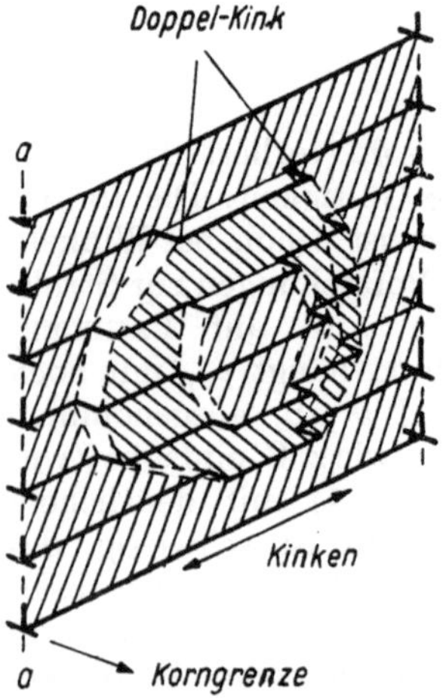

Abb. 3.25. Schematische Darstellung der Verschiebung einer Kippkorngrenze $a - a$ durch Bildung von Doppelkinken und deren seitliche Ausbreitung (nach GRABSKI).

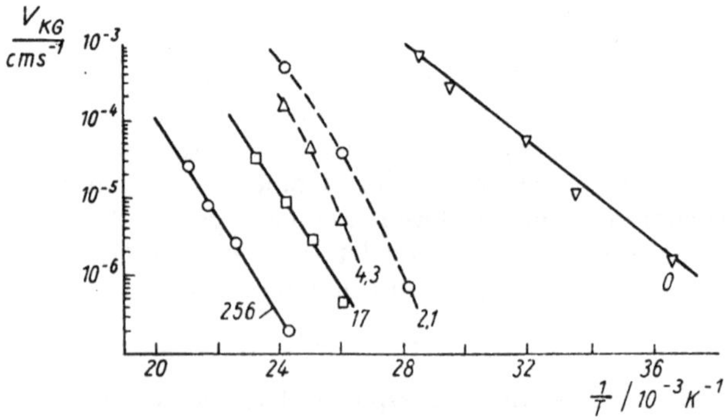

Abb. 3.26. Verschiebungsgeschwindigkeit v_{KG} von Korngrenzen in Al mit unterschiedlichen Cu-Zusätzen (in ppm) in Abhängigkeit von der reziproken Temperatur $1/T$ (nach GORDON, VANDERMEER).

digkeit. Aus den experimentellen Daten der Abb. 3.26 geht außerdem hervor, daß v_{KG} stark durch Verunreinigungen erniedrigt wird. Für Al (99,9999%) und Pb der gleichen Reinheit wurden $Q = 54{,}5$ und 28,2 kJ/mol gemessen.

3.3.7. Wechselwirkung mit Versetzungen und Punktfehlern

Für die Berechnung der Kräfte zwischen Kleinwinkelkorngrenzen und einzelnen Versetzungen ist prinzipiell die PEACH-KOEHLER-Gleichung (3.22) einzusetzen. Auch hier erweist es sich als zweckmäßig, nach übersichtlichen Spezialfällen zu ordnen. Liegen Stufen-Versetzungen in der Wand und außerhalb parallel zueinander, läßt sich die Wechselwirkung am Spannungsfeld (3.52) sofort ablesen. Je nach Koordinatenwert x_2 und Vorzeichen der Versetzungen wechseln Abstoßung und Anziehung ab (vgl. Abb. 3.27). Beide behindern die freie Versetzung. Unter dem Einfluß einer hinreichend großen äußeren Schubspannung kann die bewegliche Versetzung eine Kleinwinkelkorngrenze auch dann überwinden (schneiden), wenn sie nicht parallel zu den Versetzungen in der Wand liegt. Bezüglich der Behandlung dieses und anderer Fälle sei auf LI (1960, 1963) verwiesen.

Die genauere Analyse der Wechselwirkung hat äußere Spannungsfelder mit in Betracht zu ziehen. Soll der Zusammenhang benachbarter Kristallite unter äußerer Spannung erhalten bleiben, muß im Bereich elastischer Deformation die elastische und bei Einsetzen plastischer Deformation auch die plastische Kompatibilitätsbedingung erfüllt sein. Abb. 3.28 erläutert das Zustandekommen der ersteren schematisch.

In Korngrenzennähe können auf diese Weise starke Abstoßungskräfte für eine Versetzung entstehen.

Volumenerhaltung bei plastischer Verformung bedeutet, daß von den 6 Komponenten des Verzerrungstensors nur 5 unabhängig sind (vgl. 6.2.1). Im Falle axialer Deformation, wie in Abb. 3.28, ist außerdem die plastische Verzerrung ε_{22} durch das

Experiment vorgegeben. Damit verbleiben 4 unabhängige Komponenten, die z. B. durch 4 unabhängige Gleitsysteme erzeugt werden können. Die beobachteten Gleitbänder (Abb. 3.29) stimmen damit überein.

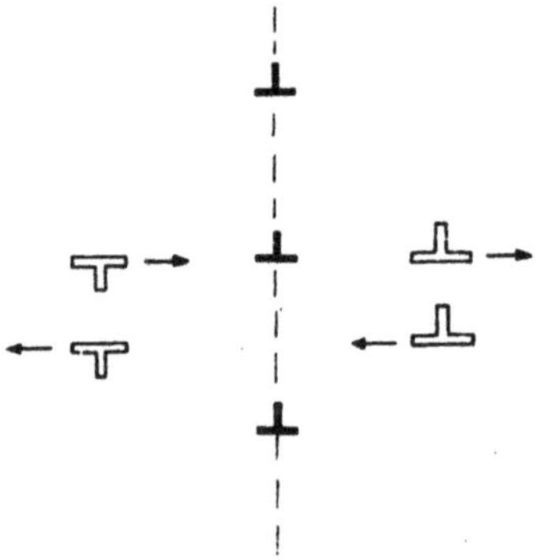

Abb. 3.27. Schema der Kraftwirkung einer Kippkorngrenze (dunkel) auf freie Stufenversetzungen (hell). Die Pfeile geben die Richtung der Kraft in der Gleitebene der beweglichen Versetzung an. Darüber hinaus wirken noch Kräfte senkrecht zur Gleitebene, die, sollte ein Klettern möglich sein, die Versetzungen unabhängig vom Vorzeichen in den Bereich der Anziehung bringen.

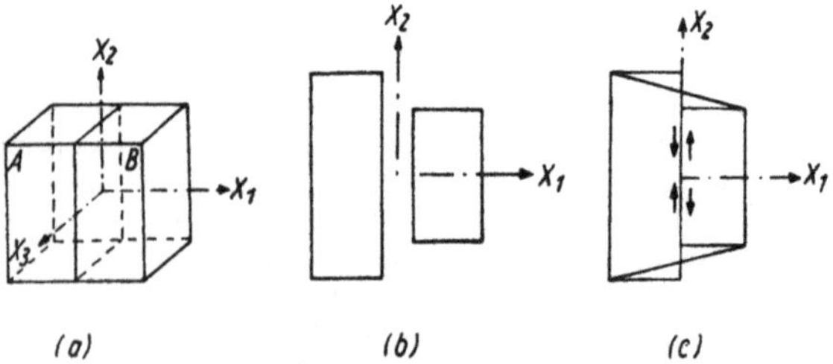

Abb. 3.28. (a) Ein Bikristall (Korngrenze = x_2-x_3-Ebene) unter Zugspannung σ_{22} deformierte sich ohne Beibehaltung des Korngrenzenzusammenhanges wegen der elastischen Anisotropie, wie in (b) dargestellt. Die elastische Kompatibilitätsforderung $u_1{}^A = u_1{}^B$, $u_2{}^A = u_2{}^B$, $u_3{}^A = u_3{}^B$ in der Korngrenze hat z. B. zusätzliche Schubspannungen σ_{21} zur Folge (c) (nach Hirth 1972).

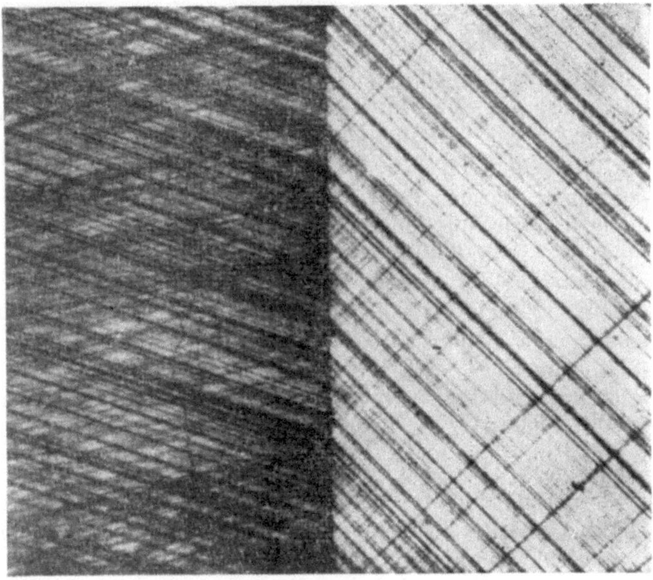

Abb. 3.29. 4 Systeme von Gleitbändern treten an der Grenzfläche eines plastisch verformten Fe-3%-Si-Bikristalls (axiale Belastung) auf, um die Kompatibilität zu gewährleisten. Diese ist auch in Mikrobereichen erhalten, wie man aus dem hohen Maß der Korrelation einzelner Gleitbänder erkennt. (65: 1, nach HOOK, HIRTH).

Für die Wechselwirkung mit Punktfehlern sind die Normalspannungskomponenten der Korngrenze maßgebend, wie das schon für Einzelversetzungen in 3.2.10 erörtert wurde.

In Korngrenzennähe sammeln sich Leerstellen und Fremdatome und rufen wesentliche Eigenschaftsänderungen (z. B. Versprödung) hervor. Eine Übersicht der quantitativen Verhältnisse gibt GRABSKI.

3.3.8. Stapelfehler

Strukturen mit ähnlicher Stapelordnung neigen zur lokalen Bildung von Stapelfolgen der jeweils verwandten Struktur. Die entstehenden flächenhaften Störungen, die Stapelfehler[1]), werden von unvollständigen Versetzungen begrenzt (vgl. 3.2.9). Als Beispiel seien Stapelfehler im Cu-Typ (eng verwandt mit Mg-Typ[2])) angeführt (s. Abb. 3.30). Die entsprechende Versetzungsreaktion (vgl. 3.2.9) zur Bildung der SHOCKLEYschen Teilversetzungen $(1/2)\,[1\bar{1}0] \rightarrow (1/6)\,[1\bar{2}1] + (1/6)\,[2\bar{1}\bar{1}]$ bringt eine Erniedrigung der elastischen Energie nach (3.28) um $\Delta E \sim (a^2/2) - (a^2/12) = 5a^2/12$.

Maßgebend für die integrale Wirkung der Stapelfehler ist ihre Dichte

$$\alpha_s = \varrho_V a d / \sqrt{3}, \qquad (3.56)$$

ϱ_V Versetzungsdichte, d Abstand der Teilversetzungen, a Gitterkonstante. Feilspäne von Legierungen mit niedriger Stapelfehlerenergie können hohe Stapelfehlerdichten enthalten, die zu beträchtlichen Veränderungen von Linienform und -lage der Röntgenstrahl-Interferenzen Anlaß geben. Tab. 3.4 gibt Beispiele. Stapelfehler können im Durchstrahlungselektronenmikroskop direkt sichtbar gemacht und bezüglich ihrer Geometrie definiert werden. Für methodische Fragen sei auf HIRSCH et al. (1965) verwiesen.

Tabelle 3.4

Reziproke Stapelfehlerdichte α_s^{-1}, Versetzungsdichte ϱ_v und Stapelfehlerenergie γ_{SF} für einige Ag–Sn-Mischkristalle (nach ADLER, OTTE, WAGNER)

At.-% Sn	α_s^{-1}	ϱ_v *)/10^{11} cm^{-2}	γ_{SF} **)/10^{-3} Jm^{-2}
0	280	1,6	22,8
3,0	100	2,6	15
9,0	20	4,7	4,4

*) $\varrho_v \sim \langle \varepsilon^2 \rangle / a^2$ aus Messungen der mittleren quadratischen Verzerrung.
**) aus elektronenmikroskopischen Untersuchungen von Versetzungsknoten.

[1]) Für eine ausführliche Übersicht sei auf VISHNJAKOV verwiesen.
[2]) Vgl. PAUFLER, LEUSCHNER, S. 113.

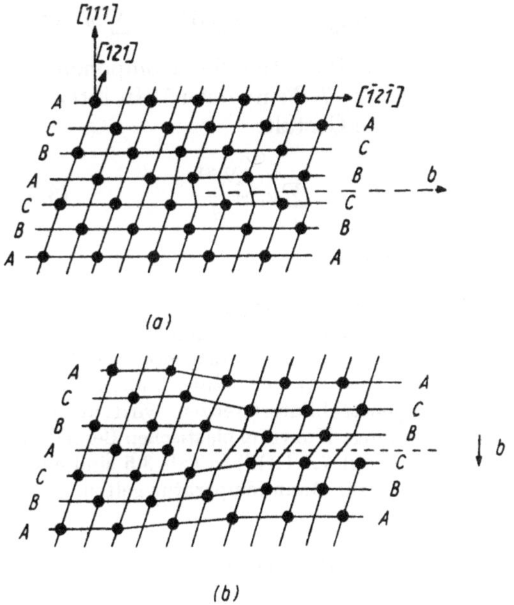

Abb. 3.30. Stapelfehler (gestrichelt) im Cu-Typ mit der Stapelfolge *ABC*. Zeichenebene ist (10$\bar{1}$). In (a) begrenzt eine SHOCKLEYsche Teilversetzung (BURGERS-Vektor in der Stapelfehlerebene (111)), in (b) eine FRANKsche Teilversetzung (BURGERS-Vektor senkrecht zur Stapelfehlerebene) eine Seite des (nach rechts fortgesetzt zu denkenden) Fehlers.

3.3.9. *Stapelfehlerenergie*

Stapelfehler können als Spezialfall einer Grenzfläche angesehen werden. Daher ist nach (3.45) die Stapelfehlerenergie über

$$\gamma_{SF} = \left(\frac{\partial G}{\partial A}\right)_{N_i,p,T} = \left(\frac{\partial G_{SF}}{\partial A}\right)_{N_i^{SF},T}, \quad i = 1, 2, \ldots \qquad (3.57)$$

aus der freien Enthalpie abzuleiten. (N_i, N_i^{SF} Teilchenzahl in Matrix bzw. Stapelfehler; $\mathrm{d}G = -S\,\mathrm{d}T + V\,\mathrm{d}p$

$+ \sum_i \mu_i \, \mathrm{d}N_i + \gamma_{SF} \, \mathrm{d}A$, $\mathrm{d}G_{SF} = -S_{SF} \, \mathrm{d}T + \sum_i \mu_i \, \mathrm{d}N_i^{SF}$ $+\gamma_{SF} \, \mathrm{d}A$; μ_i chemisches Potential der Komponente i; S, S_{SF} Entropien, p Druck, T Temperatur). In integrierter Form nimmt (3.57) die Gestalt

$$\gamma_{SF} = \frac{G_{SF}}{A} - \sum_i \mu_i \frac{N_i^{SF}}{A} \qquad (3.58)$$

an (vgl. z. B. HIRTH 1970).

Zur experimentellen Bestimmung von γ_{SF} sind z. T. sehr unterschiedliche Methoden in Gebrauch, deren Ergebnisse oft noch recht stark voneinander abweichen. Neben den bereits erwähnten direkten Abbildungsverfahren von Versetzungsknoten und der Profilanalyse von Röntgenstrahlinterferenzen wird auch die Form der Spannungs-Dehnungs-Kurve im plastischen Bereich zur Bestimmung herangezogen (vgl. 7.1.1.1).[1] In Tab. 3.5 sind einige Ergebnisse festgehalten, die für Raumtemperatur gelten.

Tabelle 3.5
Stapelfehlerenergien einiger Metalle (nach GALLAGHER)

Substanz	$\gamma_{SF}/10^{-3}$ Jm^{-2}
Ag	22
Cu	55
Au	50
Al	200
Ni	250
Pb	30
Ce	< 5
Yb	< 10
Th	70
Pt	75
Pd	130
Rh	330
Cu–Zn (e/a = 1,10)*)	35,2
(e/a = 1,36)	11,1

*) e/a = Mittlere Zahl der Elektronen/Atom, wenn Cu als ein- und Zn als zweiwertig angesehen wird.

[1]) Eine gute Übersicht bieten die Vorträge des AIME-Symposiums 1969, die in Metallurgical Transactions 1 (1970) 2367–2486 veröffentlicht sind.

4. Anelastizität

Abweichungen vom elastischen Verhalten (Teil 2) seien anelastisch genannt, wenn sie unter Bedingungen auftreten, bei denen eine makroskopische plastische Deformation nach Abb. 1.1 nicht beobachtet werden kann oder zum Abschluß gekommen sein sollte. Wir wollen die wichtigsten Erscheinungsformen, Relaxation und innere Reibung, an Beispielen erläutern, dann Möglichkeiten der phänomenologischen Beschreibung angeben und auf mikroskopische Ursachen hinweisen.

4.1. Experimentelle Belege

Anelastisches Verhalten äußert sich in einer Zeitabhängigkeit von Spannung und Verzerrung (Relaxation) sowie im Auftreten von Hysterese bei Wechselbeanspruchung (innere Reibung). Wird ein Kristall z. B. im Druckversuch einer relativen Längenänderung $\Delta l/l = \varepsilon_0'$ unterworfen[1]) und dafür gesorgt, daß sich von einem Zeitpunkt $t = 0$ an ε_0' nicht mehr ändert, dann bleibt die erreichte Spannung nicht ebenfalls konstant, wie es nach unseren bisherigen Ausführungen zu erwarten wäre. Sie sinkt vielmehr ab und nähert sich in der Regel asymptotisch einer relaxierten Spannung $\sigma_0' - \Delta\sigma$, wie es Abb. 4.1 zeigt. Wird umgekehrt die Spannung bis auf σ_0' erhöht und auf diesem Niveau gehalten, ist eine mit der

[1]) Sofern ε rein elastisch im Sinne von Teil 2 begründet ist, hat es die Bedeutung der bekannten Verzerrung, hier für den Spezialfall des einachsigen Zugs oder Drucks. Wenn aber — wie bei anelastischem Verhalten die Regel — meßbare plastische Anteile in ε enthalten sind, darf streng genommen der elastische Verzerrungsbegriff nicht mehr allein angewandt werden. Vielmehr müßten die plastischer Formänderung angepaßten Maße ε^p (s. Teil 5) benutzt werden, so daß $\varepsilon = \varepsilon^p + \varepsilon^e$. Um die Darstellung damit nicht weiter zu belasten, wird in diesem Teil unter Verzerrung, Dehnung und Längenänderung jeweils $\varepsilon^p + \varepsilon^e$ verstanden.

Zeit abklingende Änderung $\Delta\varepsilon(t)$ zu beobachten, die als Kriechen bezeichnet wird (Abb. 4.2).[1])

Derartige Nachwirkungseffekte müssen beim technischen Materialeinsatz, besonders wenn Präzision einer elastischen Kraft oder einer Länge unter Krafteinwirkung über große Zeiten hinweg gefordert wird (z. B. Federn, Schneiden), in Betracht gezogen werden.

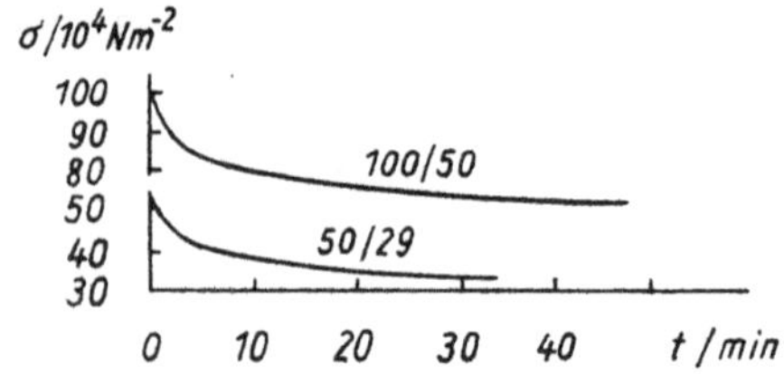

Abb. 4.1. Relaxation der Spannung eines NaCl-Kristalls bei Raumtemperatur (nach RAKOVA, PREDVODITELEV). Als Parameter sind die Anfangsspannung σ_0' und die Relaxation $\Delta\sigma$ angegeben.

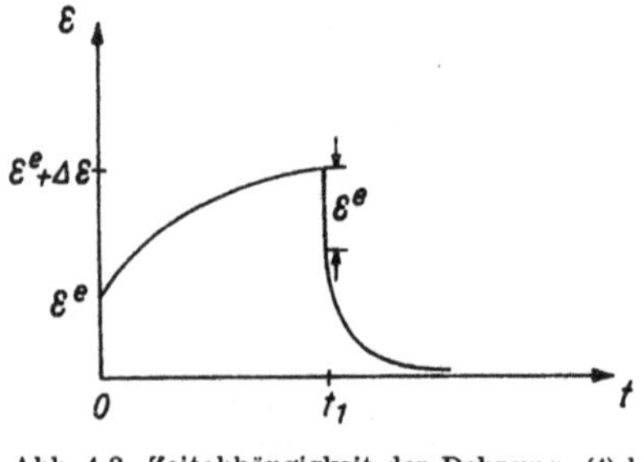

Abb. 4.2. Zeitabhängigkeit der Dehnung $\varepsilon(t)$ beim anelastischen Kriechen. Bei $t = 0$ wird mit σ_0' belastet. Zur elastischen Längenänderung ε^e tritt ein reversibler anelastischer Anteil $\Delta\varepsilon(t)$, der für $t \to \infty$ den Sättigungswert $\Delta\varepsilon$ erreicht und der nach Entlasten bei $t = t_1$ langsam verschwindet (schematisch).

[1]) In Teil 5 werden wir diesen Begriff auf eine spezielle Form plastischer Deformation anwenden, da auch dort die Spannung konstant gehalten wird. Die mikroskopischen Prozesse sind in beiden Fällen gewöhnlich verschieden. Spannungsrelaxation und anelastisches Kriechen sind experimenteller Untersuchung schwerer zugänglich als die nachfolgend ausführlicher dargestellte zyklische Spannungs-Dehnungs-Kurve.

In Abb. 1.1 war bereits auf die Hysterese der Spannungs-Dehnungs-Kurve im anelastischen Bereich aufmerksam gemacht worden. Sie ist mit einem Energieverlust $\Delta W = (2\pi/\omega) \int \overline{\sigma\dot{\varepsilon}}\, \mathrm{d}V$ verbunden, wobei $\overline{\sigma\dot{\varepsilon}} = (\omega/2\pi) \oint \sigma\dot{\varepsilon}\, \mathrm{d}t = (\omega/2\pi) \int \sigma\, \mathrm{d}\varepsilon$ die Verlustleistungsdichte bei einem geschlossenen Umlauf[1]) ist und diese über das Probenvolumen integriert wird. Wegen des Verlustes spricht man von innerer Reibung als zunächst nicht näher erklärter Ursache. Sie sorgt dafür, daß alle freien Schwingungen in Festkörpern einschließlich des Schalls mit der Zeit abklingen (Dämpfung). Auch hiermit verbinden sich vielfältige technische Probleme.

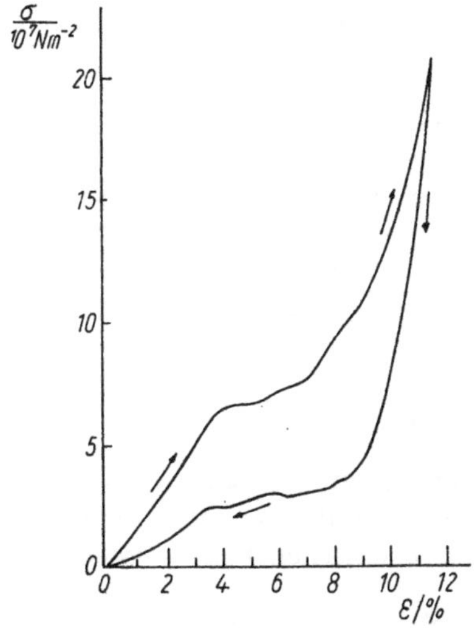

Abb. 4.3. Spannungs-Dehnungs-Kurve eines Cu–Zn–Si-Einkristalls (64,1 At.% Cu, 34,1% Zn, 1,8% Si), die im Kompressionsversuch bei 27 °C ermittelt wurde (nach POPS).

[1]) Umlaufdauer $T = 2\pi/\omega$.

In einer Reihe von Legierungssystemen wird ein sog. pseudoelastisches Verhalten beobachtet. Ein Beispiel ist in Abb. 4.3 angegeben. An den bekannten (praktisch) linearen Anfangsteil der Spannungs-Dehnungs-Kurve (vgl. Kap. 2.1) schließt sich ein sehr flacher Bereich an, dessen YOUNGscher Modul scheinbar sehr klein ist, gefolgt von einem sehr steilen Anstieg. Der Belastungs- und Entlastungszyklus weist eine deutliche Hysterese auf. Dieses anormale Verhalten ist durch eine spannungsinduzierte reversible Phasenumwandlung (martensitisch) hervorgerufen. Deswegen wird es hier als Ausnahme angesehen (vgl. auch 11.2.2).

4.2. *Phänomenologische Beschreibung*

Angesichts der Verwandtschaft mechanischer Relaxation mit Relaxationserscheinungen bei anderen physikalischen Phänomenen (z. B. dielektrische, magnetische und thermische Relaxation) werden dort übliche Begriffe zur Beschreibung auch hier herangezogen. Als einfachste Erweiterung des den ideal elastischen Festkörper bei kleinen Verzerrungen gut beschreibenden HOOKEschen Gesetzes (2.46a) durch zeitabhängige Terme kann die Spannungs-Dehnungs-Beziehung des anelastischen Standardkörpers nach ZENER

$$J_R\sigma + \bar{\tau}_\sigma J_u\dot{\sigma} = \varepsilon + \bar{\tau}_\sigma\dot{\varepsilon} \tag{4.1}$$

gelten (vgl. BERRY, NOWICK, NOWICK, BERRY). $J_R \equiv 1/M_R$, $J_u \equiv 1/M_u$, $\bar{\tau}_\sigma \equiv (J_R/J_u)\ \bar{\tau}_\varepsilon$ sind drei Materialgrößen anstelle des im einfachsten elastischen Falle notwendigen einen Parameters.[1])

Aus (4.1) folgt für die Spannungsrelaxation (d. h. mit $\sigma = M_u\varepsilon$ bei $t = 0$ und $\varepsilon = \varepsilon_0$, $\dot{\varepsilon} = 0$ bei $t > 0$) eine

---

[1]) Zur Beschreibung anelastischen Verhaltens ist es üblich, Moduln mit M und Koeffizienten mit J zu bezeichnen. Je nach spezieller Versuchsführung bedeutet M z. B. Schubmodul, YOUNGschen Modul, Kompressionsmodul usw.

Spannungs-Dehnungs-Beziehung $\sigma(t) = M(t)\,\varepsilon$ mit zeitabhängigem Modul

$$M(t) = M_R + (M_u - M_R)\,e^{-t/\bar{\tau}_\varepsilon}, \qquad (4.2)$$

an der die Bedeutung von $M_R = M(t \to \infty)$ und $M_u = M(t = 0)$ als sog. relaxierter und unrelaxierter Modul sowie von $\bar{\tau}_\varepsilon$ als Relaxationszeit bei konstanter Deformation abgelesen werden kann.[1]) Ganz entsprechend hat die Differentialgleichung (4.1) auch Lösungen, die dem Kriechen ($\varepsilon = J_u\sigma$ bei $t = 0$, $\sigma = \sigma_0'$ und $\dot{\sigma} = 0$ bei $t > 0$) entsprechen. Die Zeitabhängigkeit der Verzerrung läßt sich auf die Form $\varepsilon(t) = J(t)\,\sigma$ mit der elastischen Nachwirkungsfunktion

$$J(t) = J_u + (J_\mathrm{R} - J_u)\,[1 - e^{-t/\bar{\tau}_\sigma}] \qquad (4.3)$$

bringen. Die Bedeutung der Parameter ist wie bei (4.2) evident. $J_R - J_u$ bzw. $M_R - M_u$ bilden ein Maß für den Relaxationseffekt.

Wie schon erwähnt, wird die innere Reibung bei zeitlich periodischen äußeren Spannungen beobachtet, die wir etwa in der Form $\sigma = \sigma_0 \exp(i\omega t)$ mit ω als Kreisfrequenz schreiben können. Wie z. B. beim elektrischen Analogon äußern sich die Verluste in einer Phasenverschiebung φ der Verzerrung $\varepsilon = \varepsilon_0 \exp[i(\omega t - \varphi)] = (\varepsilon_0' - i\varepsilon_0'')\exp(i\omega t)$, die über $\tan\varphi = \varepsilon_0''/\varepsilon_0' = J_2/J_1$ mit den Anteilen ε_0' (in Phase mit σ) und ε_0'' (um $\pi/2$ phasenverschoben) der Verzerrung bzw. dem Real- und Imaginärteil des komplexen elastischen Koeffizienten $J^*(\omega) = J_1(\omega) - iJ_2(\omega)$ verknüpft ist. Die Spannungs-Dehnungs-Beziehung nimmt in der komplexen Schreibweise die Form $\varepsilon = J^*\sigma$ oder $\sigma = M^*\varepsilon$ an. Dabei ist $M^* = \sigma_0/(\varepsilon_0' - i\,\varepsilon_0'') \approx (\sigma_0/\varepsilon_0')\,(1 + i\tan\varphi) \approx (\sigma_0/\varepsilon_0')$

---

[1]) Analoges gilt für die elastischen Koeffizienten J_R, J_u und für $\bar{\tau}_\sigma$.

$\times\ (1 + i\varphi)$ und $J^* = (\varepsilon_0'/\sigma_0)\,(1 - i \tan \varphi) \approx (\varepsilon_0'/\sigma_0) \times (1 - i\varphi)$.

Quantitative Untersuchungen der inneren Reibung nehmen überwiegend auf den Energieverlust Bezug. Das Verhältnis $\Delta W/W = \psi$ von Energieverlust ΔW (vgl. Kap. 4.1) und elastischer Energie des Festkörpers bei Amplitudenwerten von Spannung und Verzerrung $W = (1/2) \int \sigma_0 \varepsilon_0 \, \mathrm{d}V$ wird als relativer Energieverlust bezeichnet, dessen 2π-ter Teil, die reziproke mechanische Güte $Q^{-1} \equiv \psi/2\pi$, gewöhnlich als Maß der inneren Reibung fungiert.

Je nach Meßverfahren werden wahlweise weiterhin das logarithmische Dekrement $\delta = \ln (\varepsilon_n/\varepsilon_{n+1})$ zweier aufeinanderfolgender Amplitudenwerte einer gedämpften Schwingung, die relative Breite $B = \Delta\omega/\omega_0$ einer Resonanzkurve der Halbwertsbreite $\Delta\omega$ oder die Abklingkonstante α einer ebenen Ultraschallwelle $\varepsilon = \varepsilon_0 \exp (-\alpha x) \exp [i\omega(t - x/v)]$ benutzt. Zwischen den genannten Größen besteht die Beziehung (vgl. z. B. Postnikov)

$$\frac{\psi}{2\pi} \equiv Q^{-1} = \sin \varphi = \frac{\delta}{\pi} = \frac{B}{\sqrt{3}} = \frac{v\alpha}{\omega\pi}. \qquad (4.4)$$

Die komplexen Materialgrößen J^* und M^* weisen bei periodischer Anregung das übliche Resonanzverhalten auf, das gedämpften Systemen eigentümlich ist.

Nach Einsetzen in (4.1) läßt sich die Frequenzabhängigkeit von Real- und Imaginärteil z. B. von J^* finden als

$$J_1(\omega) = J_u + \frac{(J_R - J_u)}{1 + \omega^2 \bar{\tau}_\sigma^2}$$

$$J_2(\omega) = (J_R - J_u) \frac{\omega \bar{\tau}_\sigma}{1 + \omega^2 \bar{\tau}_\sigma^2}. \qquad (4.5)$$

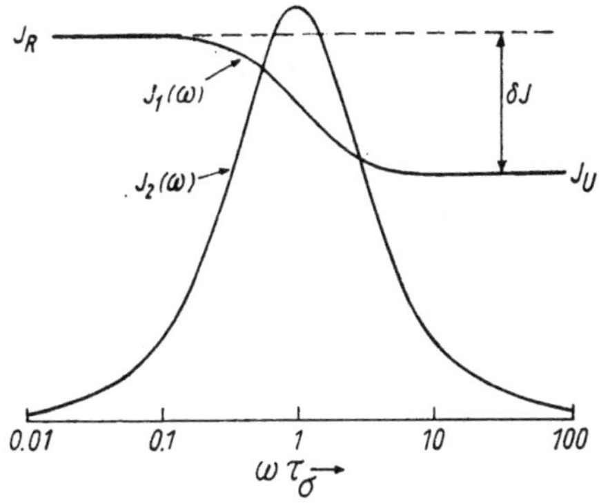

Abb. 4.4. Real- und Imaginärteil des komplexen elastischen Koeffizienten als Funktion von $\omega\bar{\tau}_\sigma$ (nach BERRY, NOWICK).

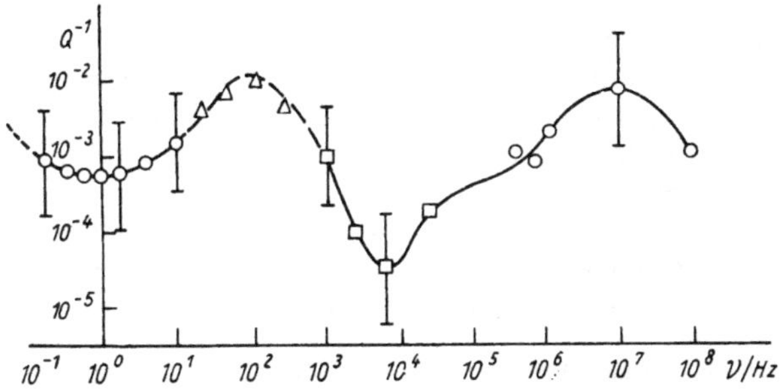

Abb. 4.5. Abhängigkeit der inneren Reibung polykristallinen Kupfers von der Anregungsfrequenz $\nu = \omega/2\pi$ bei 20 °C (nach POSTNIKOV). Zwei Resonanzstellen sind deutlich zu erkennen, eine weitere könnte sich zwischen 10^4 und 10^5 Hz befinden.

Aus Abb. 4.4 geht hervor, daß sich aus einer Messung der Frequenzabhängigkeit von φ oder äquivalenter Größen (4.4) die phänomenologischen Parameter des anelastischen Vorganges, am einfachsten wohl die Relaxationszeit $\bar{\tau}_0$, ermitteln lassen. In der Regel liegen im Festkörper mehrere physikalische Dämpfungsursachen mit unterschiedlichem $\bar{\tau}_\sigma$ vor (vgl. Abb. 4.5).

4.3. *Mikroskopische Ursachen*

Den anelastischen Erscheinungsformen des Kap. 4.1 gemeinsam ist das Auftreten einer Längenänderung ε, die über die nach Teil 2 für die Spannung σ zu erwartende ε^e hinausgeht (vgl. auch Fußn. 1 S. 125). Ein solches Verhalten ist nach den Ergebnissen von Teil 3 (und Ergänzungen in Kap. 6.3) zu verstehen, wenn sich Versetzungen bewegen.[1]) Tatsächlich besteht auch quantitative Übereinstimmung mit dieser Vorstellung.[2,3]) Relaxation der Spannung bei $\varepsilon_0' = \text{const}$ bedeutet dann, daß durch Versetzungsbewegung ein wachsender Teil von ε_0' plastischer Natur und wegen $\varepsilon^e + \varepsilon^p = \varepsilon_0'$ ein abnehmender Anteil elastischer Herkunft ist. Damit kann die Spannung absinken, die allein durch elastische Verzerrungen ausgelöst wird.[4]) Im Kriechversuch nach Abb. 4.2 ist ε^p direkt ablesbar.

Der wesentliche Unterschied zur reinen plastischen Verformung, der wir uns erst im Teil 5 zuwenden werden, besteht in der Reversibilität der hier vorliegenden Ver-

---

[1]) Eine prinzipiell andere Ursache ist der Wärmefluß aus Kristallbereichen der Kompression nach solchen der Dilatation. Wenn Geschwindigkeit der Wärmeübertragung und der Schwingung etwa gleich sind, erzeugt der Wärmefluß eine Dehnungskomponente, die nicht in Phase mit der elastischen Dehnung ist. Das ruft Energieverlust hervor. Der Effekt ist i. allg. klein ($\delta < 10^{-5}$).

[2]) Für das Beispiel von Abb. 4.1 ist z. B. der Nachweis von RAKOVA und PREDVODITELEV durch Ätzversuche während der Relaxation erbracht worden.

[3]) Wenn im Festkörper chemische Reaktionen (reversible oder irreversible) ablaufen, kann es ebenfalls zu Relaxationserscheinungen und Energieverlusten kommen. Das wird besonders bei Bestrahlung oder beim Erhitzen von Polymeren und Gläsern beobachtet. Man spricht von chemischer Relaxation und chemischem Kriechen. Darauf können wir hier nicht weiter eingehen.

[4]) Die nach plastischer Deformation beobachtbare Spannungszunahme (vgl. Teil 5) ist elastischer Natur. Durch plastische Gleitung wird die Kristallstruktur unverzerrt, d. h. spannungsfrei, reproduziert.

setzungsbewegung. Sie laufen nach Entlastung zurück und ermöglichen dadurch eine reversible Dehnung ε und einen geschlossenen $\sigma-\varepsilon$-Zyklus[1]) (Abb. 1.1).[2])

Der Energieverlust, die innere Reibung, entsteht durch energiedissipative Mechanismen während eines solchen Zyklus. Die Energie wird zur Anregung von Ionenschwingungen, der Elektronen und gegebenenfalls der magnetischen Momente verbraucht und schließlich über Wärmestrahlung und -leitung an die Umgebung abgegeben.

Bei den Bremsmechanismen handelt es sich, wie wir gleich sehen werden, um thermisch aktivierbare Vorgänge (vgl. 7.2.3), denen eine Relaxationszeit

$$\bar{\tau} = \bar{\tau}_0 \, \mathrm{e}^{\Delta H/k_B T} \tag{4.6}$$

zugeschrieben werden kann und zu deren Aktivierung eine Aktivierungsenthalpie ΔH aufgebracht werden muß. ΔH und der temperaturunabhängige Vorfaktor $\bar{\tau}_0$ sind mit dem atomistischen Aufbau des Kristalls verknüpfte charakteristische Werte des Dissipationsmechanismus. Sind sie irgendwie bekannt, läßt sich der der inneren Reibung zugrunde liegende Prozeß auch durch Messung der Temperaturabhängigkeit von Q^{-1} identifizieren. Die Resonanzbedingung $\omega\bar{\tau} = 1$ lautet nämlich dann mit (4.6)

$$\omega\bar{\tau}_0 \, \mathrm{e}^{\Delta H/k_B T} = 1 \tag{4.7}$$

---

[1]) In Kristallen mit hoher Dichte an Versetzungen und Punktdefekten gelingt es infolge starker Wechselwirkung meist nicht allen bewegten Versetzungen, in ihre Ausgangslage zurückzukehren. In dem Maße enthält ε auch irreversible Anteile.

[2]) Eine Versetzungslinie der Länge l biege sich zwischen zwei Ankerpunkten unter der Wirkung der Schubspannung τ aus (vgl. Abb. 3.8). Mit der Linienspannung $Gb^2/2$ (vgl. 3.2.8) ergibt sich als überstrichene Fläche $\approx l^3\tau/5Gb$. Liegen n Stücke/Volumen vor, ist die anelastische Dehnung $\varepsilon_{\mathrm{an}} = nl^3\tau/5G$. Der Schubmodul wird daher um $\delta G/G = \varepsilon_{\mathrm{an}}/\varepsilon^{e} = (nl^3\tau/5G)/(\tau/G) = \varrho_v l^2/5$ erniedrigt, wenn $\varrho_v = nl$ die Versetzungsdichte bedeutet. Der quantitative Vergleich läßt erkennen, daß l maßgeblich von Punktfehlern beeinflußt wird. Für $\varrho_v \approx 10^8\ \mathrm{cm}^{-2}$ und $l \approx 2 \cdot 10^{-7}$ m wird $\delta G/G \approx 1\%$.

und ist bei vorgegebener Anregungsfrequenz eine Bedingung für T.[1]) In Abb. 4.6 lassen sich mehrere Maxima in Q^{-1} bei verschiedenen Temperaturen unterscheiden.

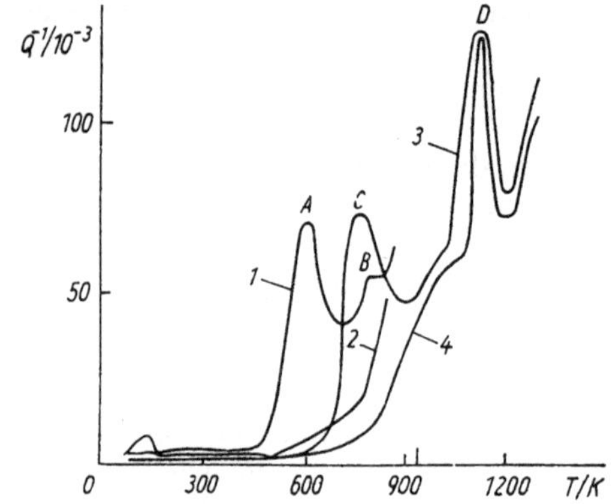

Abb. 4.6. Temperaturabhängigkeit der inneren Reibung von Aluminium (1,2) und Eisen (3,4) (nach POSTNIKOV). Die Kurven 1 und 3 beziehen sich auf Polykristalle, die von 2 und 4 auf Einkristalle.

Obwohl viele Details noch nicht aufgeklärt sind, können einige Gruppen atomistischer Vorgänge angegeben werden, die Anlaß zu Maxima in Q^{-1} geben. Dazu gehören a) Bewegung von Punktfehlern im zeitlich veränderlichen Spannungsfeld, b) Wechselwirkung von Versetzungen mit anderen Kristallbaufehlern und mit dem Kristallpotential, c) Fließvorgänge an Phasengrenzen und Korngrenzen, d) Phasenumwandlungen, e) Anregung von Elektronen, Magnonen, Phononen. Für eine ausführliche Erörterung sei auf POSTNIKOV und NOWICK, BERRY verwiesen. Wir beschränken uns auf wenige Beispiele.

[1]) Aus (4.7) lassen sich ΔH und $\bar{\tau}_0$ bestimmen, wenn z. B. bei 2 verschiedenen Frequenzen ω_1 und ω_2 die Maxima bei deutlich unterschiedlichen Temperaturen $T_{\max}^{(1)}$ und $T_{\max}^{(2)}$ liegen. Eine einfache Abschätzung erhält man auch mit der Näherung $\bar{\tau}_0 \approx \hbar/k_B T_{\max}$.

Zur Gruppe a) zählt ein von SNOEK (1941) entdeckter und nach ihm benannter Mechanismus innerer Reibung, der durch Fremdatome (wie C, O, N) auf Zwischengitterplätzen in kubisch-raumzentrierten Kristallen ausgelöst wird. Sie besetzen oktaedrische Lücken, was zu einer lokalen Symmetrieerniedrigung kubisch → tetragonal führt. Im spannungsfreien Zustand treten etwa gleich viele Elementarzellen mit Einlagerungsatomen auf, deren tetragonale Achse parallel zu [100], [010] und [001] liegen. Durch eine Spannung wird diese Entartung aufgehoben und diejenige Richtung ausgezeichnet, in der die Spannung eine elastische Dehnung der Elementarzelle hervorruft. Die nicht parallel dazu liegenden Defekte orientieren sich nun vorzugsweise an der ausgezeichneten Richtung.

Ein Spannungswechsel löst entsprechend massenhafte Umlagerungen der Fremdatome mit einer für Fremdatom und Matrix charakteristischen Aktivierungsenthalpie aus. Diese spannungsinduzierte Diffusion ist mit einer Anregung von Wärmeschwingungen, d. h. mit Energieverlust verbunden. (Abb. 4.7). Die Experimente zeigen auch die zu erwartende Abhängigkeit vom Verunreinigungsgehalt.

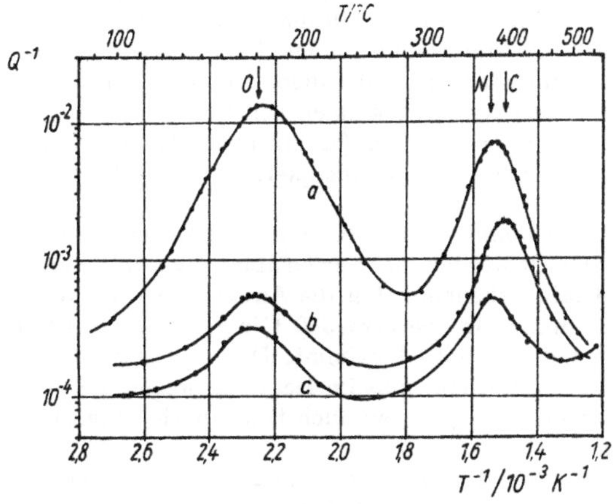

Abb. 4.7. Dämpfung von Tantaldraht (⌀ 1 mm, Frequenz 6 Hz), (a) 30 min bei 1800 °C, (b) 5 min bei 2800 °C im Vakuum $2 \cdot 10^{-6}$ Torr (c) 30 min bei 2200° C und 10^{-4} Torr O_2 und anschließend 5 min bei 2800° C und $2 \cdot 10^{-6}$ Torr geglüht. Die Pfeile geben die für das zugehörige Maximum verantwortlichen Einlagerungselemente an (nach SCHLÄT).

Punktfehler geben nur Anlaß zu anelastischem Verhalten, wenn ihre lokale Symmetrie einem Kristallsystem niedrigerer Symmetrie als des ungestörten Kristalls angehört.[1]) Das ist für isolierte Defekte häufig, für Defektkomplexe meist erfüllt.

Ein Beispiel für die Gruppe b) ist die schon früher (3.2.8 u. Fußnote 2 Seite 133) erwähnte Durchbiegung einer Versetzungslinie zwischen zwei Ankerpunkten. Im elastischen Wechselfeld sind Spannung und Dehnungsanteil der (oszillierenden) Versetzungslinie i. allg. phasenverschoben. Damit trägt die Versetzungsbewegung zur inneren Reibung bei. GRANATO und LÜCKE haben das Problem als schwingende Saite behandelt[2]), der Versetzung also die Bewegungsgleichung $m\ddot{x}_1 + B\dot{x}_1 - k_L \times (\partial^2 x_1/\partial x_2^2) = \sigma b = \sigma_0 b \exp(i\omega t)$ zugeschrieben. Dabei ist m die effektive Masse der Versetzung (vgl. Fußnote 1, S. 101), die parallel zu x_2 liegt und sich in x_1-Richtung ausbreitet. Das Ergebnis der Rechnung ist $\tan\varphi \approx \varrho_v B l^4 \omega / 36 G b^2$ für niedrige Frequenzen (z. B. Kilohertzbereich). Bei hinreichend hohen Frequenzen sagt das Modell Resonanzverhalten in $Q^{-1}(\omega)$ vorher, das von der Dämpfungskonstante B bestimmt wird. Damit sind die physikalischen Ursachen auf jene Verluste zurückgeführt, die bereits in 3.2.11 Gegenstand der Betrachtung waren. Der Vergleich mit dem Experiment läßt erkennen, daß die Verankerung der Versetzungslinien durch Punktfehler infolge deren Bewegung längs der Versetzungslinie starken Änderungen unterworfen ist. Bei hohen Spannungsamplituden σ_0 können sich Versetzungen sogar von ihren Ankerpunkten losreißen (amplitudenabhängige innere Reibung). Wegen der starken Abhängigkeit von l fällt das erheblich ins Gewicht.

Schon sehr früh konnte durch KÊ ein Mechanismus innerer Reibung identifiziert werden, der zur Gruppe c) gezählt werden muß. Abb. 4.8 läßt erkennen, daß die Anwesenheit der Korngrenzen ein Maximum in Q^{-1} bei etwa 300 °C in Aluminium auslöst. $\bar{\tau}_0$ (vgl. (4.6)) wurde zu 10^{-4} s bestimmt. Die quantitative Deutung und damit der Mechanismus im Detail ist wegen der komplexen Struktur der Korngrenzen auch heute noch Gegenstand der Diskussion.

In der Umgebung der Temperatur T_c einer Phasenumwandlung werden Schallwellen als Folge von Schwankungen des Ordnungsparameters gestreut. Nahe der CURIE-Temperatur eines Ferro-

[1]) Das trifft z. B. nicht zu für Leerstellen und Substitutionen im Cu-, W-, Mg-Diamant-, NaCl-, CsCl-, CaF_2-Typ u. a.

[2]) Für relativistische Korrekturen vgl. PEGEL.

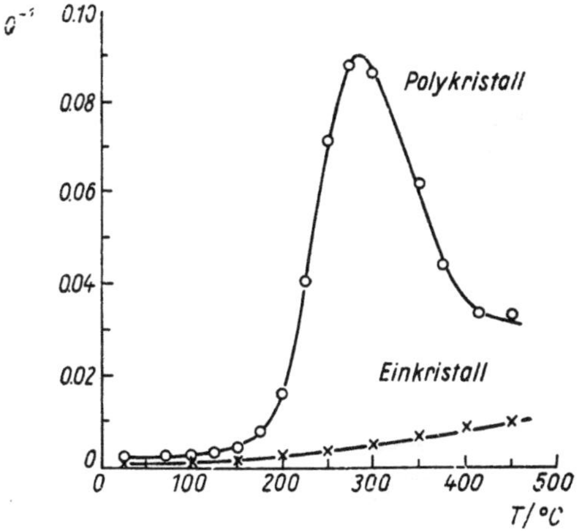

Abb. 4.8 Innere Reibung in Aluminium, das in Torsionsschwingungen (0,8 Hz) versetzt wurde. Die Aktivierungsenthalpie ΔH des auf Korngrenzenrelaxation zurückzuführenden Maximums beträgt 1,48 eV (nach KÊ).

magnetikums z. B. steigt die Dämpfung longitudinaler Ultraschallwellen wegen Spin-Phonon-Kopplung (über Volumenmagnetostriktion) stark an (vgl. Abb. 4.9). In diesem Falle unterliegt die magnetische Ordnung starken Schwankungen (Beispiel für Gruppe d). Ein direkter Dämpfungseinfluß freier Elektronen auf Ultraschallwellen liegt im magneto-akustischen Effekt vor. Im Magnetfeld $\boldsymbol{B}$ durchlaufen die Elektronen Spiralbahnen mit der Zyklotronfrequenz $\omega_c = eB/m_{\text{eff}}$ (e Elementarladung, m_{eff} effektive Masse der Elektronen). Durch das Verzerrungsfeld der Ultraschallwelle werden lokale elektrische Felder aufgebaut, die auf die Elektronen einwirken. Wenn periodisches elektrisches Feld und Zyklotronbewegung in Resonanz liegen, wird maximale Energieübertragung an die Elektronen beobachtet.[1]) Dieser Effekt ist zu einem wirkungsvollen Mittel beim Studium der FERMI-Flächen-Topologie geworden.

---

[1]) Damit die Elektronen wenigstens einige Umläufe ohne vorherige Streuung vollziehen können, müssen die Experimente bei tiefen Temperaturen und an möglichst fehlerfreien Kristallen ausgeführt werden. Daher ist der gesamte Einfluß nur unter diesen Bedingungen von Bedeutung.

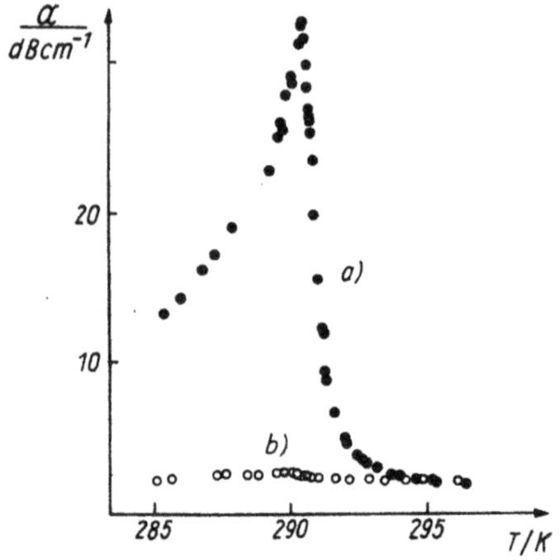

Abb. 4.9. Abklingkonstante α (vgl. (4.4)) in Abhängigkeit von der Temperatur T von Gadolinium parallel zur c-Achse. (a) longitudinale, (b) transversale Ultraschallwellen (50 MHz). Da letztere nicht mit Volumenänderung einhergehen, werden sie nicht gedämpft (nach LÜTHI, POLLINA).

Konstanten und Umrechnungsbeziehungen

Standardfallbeschleunigung	$g_n = 9{,}80665$ m s^{-2}
Normaldruck	$p_n = 101325$ N m^{-2}
Lichtgeschwindigkeit im Vakuum	$c = 2{,}99792458 \cdot 10^{8}$ m s^{-1}
Elementarladung	$e = 1{,}6021892 \cdot 10^{-19}$ As
AVOGADROsche Konstante	$L = 6{,}022045 \cdot 10^{23}$ mol^{-1}
Ruhemasse des Elektrons	$m_e = 9{,}109534 \cdot 10^{-31}$ kg
Ruhemasse des Protons	$m_p = 1{,}6726485 \cdot 10^{-27}$ kg
Ruhemasse des Neutrons	$m_n = 1{,}6749543 \cdot 10^{-27}$ kg
PLANCKsche Konstante	$h = 6{,}626176 \cdot 10^{-34}$ Js
Molare Gaskonstante	$R = 8{,}31441$ J mol^{-1} K^{-1}
BOLTZMANN-Konstante	$k_B = 1{,}380662 \cdot 10^{-23}$ J K^{-1}

Induktionskonstante	$\mu_0 = 4 \cdot 10^{-7}$ H m^{-1}
	$= 12{,}56637061 44 \cdot 10^{-7}$ H m^{-1}
Influenzkonstante	$\varepsilon_0 = 8{,}85418782 \cdot 10^{-12}$ F m^{-1}

---

1 J (Joule) = 1 Nm = 1 m^2 kg s^{-2} = 1 Ws
1 F (Farad) = 1 As/V = 1 m^{-2} kg^{-1} s^{4}A^2
1 H (Henry) = 1 m^2 kg s^{-2} A^{-2}
1 dyn = 10^{-5} N
1 bar = 10^5 N m^{-2} ≡ 10^5 Pa
1 erg = 10^{-7} J
1 kp = 9,80665 N
1 cal = 4,1868 J
1 eV = 1,6021892 · 10^{-19} J = 0,07350 Rydberg
1 eV/Atom = 23,045 kcal/mol
1 at = 10^4 kp m^{-2} = 98066,5 m^{-1} kg s^{-2} = 9,80665 Pa
1 atm = 101325 Nm^{-2} ≡ 101325 Pa
1 Torr = 1/760 atm = 133,3224 Pa = 1 mm Hg
1 psi = 1 lbf/in^2 = 6,89476 · 10^3 Nm^{-2}
1 lbf = 4,44822 N

Sachverzeichnis

Berichtigungszettel

Teil I

S. 64	9. Z. v. u.	lies: zeigt V_{EZ} zu
		statt: zeigt zu V_{EZ}
S. 68	Fußn. 2	lies: k_B
		statt: k
S. 93	7. Z. v. u.	lies: $(\boldsymbol{b}_2 \times \boldsymbol{e}_{S2})$
		statt: $(\boldsymbol{b}_2 \times \boldsymbol{s}_2)$
S. 106	2. Z. v. u.	Beginn der Fußnote 2!
S. 114	9. Z. v. u.	lies: $= (2/b) \sin (\vartheta/2)$
		statt: $= (2/b) \qquad \sin (\vartheta/2)$
S. 115	11. Z. v. o.	lies: $x_1 [x_1^2$
		statt: $x_1 (x_1^2$
S. 117	9. Z. v. o.	lies: Koinzidenz
		statt: Kominzidenz
S. 128	9. Z. v. u.	lies: NOWICK; NOWICK
		statt: NOWICK, NOWICK

Teil II

S. 14	Abb. 5.4	lies: Abszisse ε
S. 132	12. Z. v. o.	lies: $(1/6)\ [\bar{1}\bar{1}1]$
		statt: $(a/6)\ [\bar{1}\bar{1}1]$

WTB Paufler/Schulze I u. II (7229 und 7238) 7625083 und 7625374

Die Autoren

- **behandeln die Grundlagen des elastischen, anelastischen und plastischen Verhaltens kristalliner Festkörper**

- **gehen von den wichtigsten experimentellen Befunden aus und erörtern die atomaren Ursachen der mechanischen Eigenschaften**

- **stellen eine Vielzahl von Meßergebnissen in Diagramm- und Tabellenform zusammen**

- **wenden sich an Naturwissenschaftler und Ingenieure in Lehre, Forschung und Praxis**

WISSENSCHAFTLICHE TASCHENBÜCHER

Bei Fragen zur Produktsicherheit wenden Sie sich bitte an:
If you have any questions regarding product safety,
please contact:

Walter de Gruyter GmbH
Genthiner Straße 13
10785 Berlin
productsafety@degruyterbrill.com